不管理決策，
等於
沒管理企業

王海龍○著

崧燁文化

前言

我從來沒有想過自己要去寫一本書，直到幾年前我問了自己一個問題：

「作為一個企業管理者，如果你的時間和精力只夠用來做一件事，那麼這件事會是什麼呢？」

為了回答這個問題，我仔細回顧了我在馬士基（Maersk）、惠普（HP）、TNT、南美輪船（CSAV）和安博地產（Prologis）的工作經歷，復盤了自己創立的上海家家無憂貿易有限公司和樂參網（上海隆盟網絡科技有限公司）的經營過程，訪談了若干企業的高管，研究了很多企業成敗的案例，最終，我的答案是：

「管理企業的決策。」

管理者首先要管理好自己的決策。決策不僅僅是在幾個方案中做出選擇，而是從接收各種信息、解讀各種信息一直到實施決策方案並收集反饋意見的整個過程。這個不斷重複的過程決定了管理者對現實世界認知的質量，也決定了管理者的行動方向和速度，在很大程度上決定了企業的命運。

管理者還要管理企業內部各層級人員的決策。企業內部的決策是相互影響、相互關聯的。一個決策，哪怕是一個底層員工的決策，都可能引發一系列決策。企業的現實，實際上就是企業各層級人員（包括管理者自己）的所有決策的結果。企業各層級人員能夠做出好的決策，管理者面對的就是一個營運狀況較好的企業；企業各層級人員做出壞的決策，管理者面對的就是一個不良的企業。

然而在實踐中，很多管理者沒有意識到需要系統地管理企業內的決策，為各層級人員提供必要的環境和條件，輔助他們做出使企業收益最大化的決策。這些環境和條件包括有關決策管理的知識、信息渠道、決策工具、獎懲機制和

組織設計等。很多管理者奉行兩個理念：一是只要獎勵足夠大、懲罰足夠重，人們就能做出好的決策；二是在別的公司已經成功的「牛人」，在我的公司也會做出好的決策，獲得成功。常見的結果是獎懲機制改變了員工決策的出發點，人們拿到了重獎，躲開了重罰，但是企業的競爭優勢和整體效益沒有增加；在別的公司很成功的「牛人」在本公司卻表現平平。

更多的管理者沒有意識到需要管理自己的決策過程。管理者不思考自己收集外界信息的渠道、時間是否足夠和合理。他們從不質疑自己決策的依據是否客觀、全面，也不反省自己解讀和分析信息所根據的理念（理論）是否需要更新。管理者很少意識到企業中的很多問題實際上是由自己的決策引發的，而自己解決這些問題的決策還在引發更多的問題。

我試圖找一本有關如何管理企業各個層級人員決策行為的書，但是結果讓我很失望。有的書闡明了人類大腦認知的機理，卻不能夠給出非常明確的、指導人們如何克服感性的干擾並做出理性決策的建議；有的書的確給出了建議，但是基本上是要人們自問類似「我現在的觀點是客觀的嗎」「我知道了我應該知道的事情嗎」這樣的問題（在我看來，要求人們回答這些問題和要求他們扯著自己的頭髮使自己的雙腳離開地球差不多）；有的書列舉了決策者在決策中易犯的錯誤，如過度自信，卻無法令人信服地說明如何讓這個過度自信的人意識到自己是過度自信的；有的書籠統地探討決策，並不區分有關個人問題的決策和企業問題的決策，而這兩者之間的差別其實是巨大的。絕大多數有關企業決策的書籍都是探討企業的高層管理者如何決策的，沒有涉及企業其他層級人員的決策，更沒有系統地討論如何規範、管理整個企業範疇內的決策行為。

我們已經進入了傳統的行業界限日益模糊，不確定性和複雜性都在日益增強的商務時代。這是個多變的、動盪的時代。一個初創企業可以在三年內獲得數以億計的客戶，達到幾百億美元的估值；一個輝煌了幾十年的知名企業可能在幾年內分崩離析，樹倒猢猻散；企業剛剛制定的戰略可能在三個月後就需要大幅度調整，甚至徹底改弦更張。在這樣的環境中，恐怕只有理性決策和管理決策的能力，才是一個企業最終的、最核心的、可持續的競爭力。這時，一本

從企業整體的角度出發，專注於如何管理企業各層級人員決策行為，提升企業整體決策能力的書是很有必要的。

　　我想，是不是我找書的渠道和方法有問題？或者是那本書已經在我的書架上，而我還沒有讀到它？不管怎麼樣，在失望之餘，我決定嘗試著寫這樣一本書。我希望寫作的過程能夠幫助我反省自己過去的管理經驗，提升自己在決策和企業管理方面的功力，同時也可將此書作為引玉之磚，得到企業管理領域的能人、智者的反饋和指導。

王海龍

目　錄

第一章

理解企業決策／1

第二章

那麼多人在管理企業，
但是誰在管理決策？／29

第三章

**企業決策的
基本框架和標準**/55

第四章

決策事務管理/94

第五章

決策過程管理/118

第六章

決策人員管理/163

第七章

決策信息管理/184

第八章

建立雙環組織/193

第九章

決策管理 IT 系統/204

索引/207

致謝/209

第一章
理解
企業決策

諾貝爾經濟學獎獲得者、管理學家赫伯特・西蒙說：「決策是管理的核心。」

企業從無到有，源於一個決策；企業從小到大，再到消亡，也是源於一個又一個決策。決策質量的好壞直接決定企業的興衰。企業管理者最關鍵的任務，就是要管理企業各個層級人員的決策行為，使他們盡可能做出最好的決策。然而，在實踐中，很多企業家管人、管事、管物，但是卻沒有付出足夠的努力去管理企業各個層級的決策。在我看來，不管理企業的決策，就等於沒有真正地管理企業。

本書專注於探討如何管理企業各層級的決策行為。理解是管理的基礎。不理解企業，企業管理就無從談起；不理解企業決策，就無法管理企業決策。人們對企業和決策的理解是不同的。不同的理解引發不同的行為。因此，我覺得有必要在討論如何管理企業的決策行為之前，闡明一下我對企業決策的理解。

決策不僅僅是在幾個備選項中做出選擇。企業決策是管理者觀察、解讀企業自身與外部情況，形成對企業生存與發展境況的認識，並據此採取應對措施的整個過程。這個過程的質量和效率在很大程度上決定了企業的命運。

決策過程包含下列五個環節，它們組成了一個決策環（見圖1-1）。

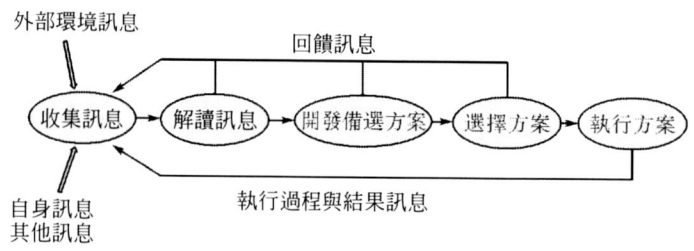

圖1-1　決策過程

（1）收集信息：觀察企業內部、外部情況，收集各種信息。

（2）解讀信息：分析、理解收集到的信息，從而對面臨的情況做出判斷，確定需要決策的事務。

（3）開發備選方案：開發各種行動方案，以備選擇。

（4）選擇方案：在備選方案中選出綜合起來最優的方案（決策方案）。

（5）執行方案：採取行動，實施決策方案。

這五個環節都很重要，每個環節都能影響決策的最終結果。企業需要對每個環節都進行有效的管理，以實現決策的最佳效果。

「解讀信息」是重中之重。首先，解讀是對信息本身做出判斷，即這些信息是否有用，是否能據其做出判斷。其次，解讀決定意義。這些信息對自己意味著什麼？當前狀況對自己有利還是有弊？解讀環節的質量決定了決策者對現實的把握程度。要想做到「一切從實際出發，實事求是」，先要判斷「實際」是什麼。決策者對現實的認識越客觀、全面，他們做出正確決策的概率也就越高。最後，解讀環節影響以後的決策框架。對各種信息（外界、自我、行動的結果、自我與外界的關係等）的解讀影響決策者如何觀察世界、關注哪些信息以及如何定義問題。經驗的累積使決策者逐漸形成一些相對固定的、長期遵守的理念，他們以後會直接根據這些理念進行決策。

企業一直處於一個又一個的決策環中。企業管理是多個決策環的組合。企業的決策效能（效率和能力）決定企業管理的水準（見圖1-2）。

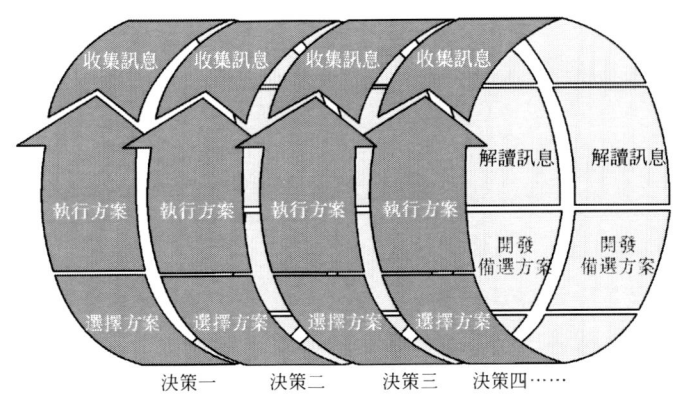

圖1-2　決策環組合

會騎自行車的人都知道，在騎行過程中，騎手要時時觀察路況和其他情況，同時感知自行車的平衡狀態，不斷調整車把方向、速度以及人和車的角度，以確保自行車能夠保持平衡，順利前行。騎手必須敏感地對外界環境和自

行車的狀態的變化做出反應，做出一次又一次的調整。同時，騎手的每次調整不僅要快，還要盡可能準確到位。雖然時間很短，但是騎手的每次調整都完成了一個決策環。在一次騎行過程中，騎手可能要做出成千上萬次調整的決策。

經營企業和騎自行車的道理是一樣的，必須不斷地進行調整。企業處於一個充滿不確定性和變化的環境中。客戶在變，供應商在變，競爭對手在變，宏觀環境在變，企業內部人員在變，企業人員之間的每次互動都有可能產生新的情況，從而使原來的計劃發生變化。企業的每次決策都會改變企業的內部環境甚至外界環境。在做決策的時候，絕大多數情況下，決策者不可能收集到所有的信息，無法找到所有的備選方案。每個決策實際上都包含著假設和猜測。例如，對決策方案執行結果的猜測。而這些假設和猜測可能會是錯誤的。也就是說，每個決策都可能不是最優的。另外，企業的偏好也可能隨著時間的變化發生變化，原來追求的目標可能不再具有吸引力了。企業的每個決策都不是「板上釘釘」、永不變化的，必須根據實際情況進行調整。

可以說，商界中，我們唯一確定的事情就是「不確定性」，唯一不變的事情就是「變化」。企業過去賴以制勝的法寶，可能今天已經變成了阻礙企業發展的絆腳石。企業今天制定的戰略，可能明天就需要修改。企業可能去年賺得盆滿缽滿，今年可能就面臨巨額虧損。王安電腦、安然、施樂、巴林銀行、諾基亞、摩托羅拉、雅虎、凡客誠品、聚美優品、巨人集團、蘋果、惠普、樂高、華為、柯達、索尼、臉書（Facebook）、樂視……國內外企業的歷史告訴我們，小公司可以成長為大公司，而大公司，甚至是百年老店也會轟然倒下。最終決定企業能否長期生存發展的，不是資金，不是市場地位，不是技術，不是設備，不是商業模式，而是企業的一個又一個決策。企業需要具有非常敏銳的「觸角」，不斷地搜集信息，進入一個又一個決策環，並迅速、高質量地結束每個決策環。企業的決策效能直接決定了企業的管理水準。

企業的決策效能可以從以下幾個方面來考量：

●決策敏感度

需要對之做出決策的事務（決策事務）出現後，企業相關人員能夠在多

長時間內發現它，並且開始對其進行正式的決策調研（專門收集該事物的有關信息並開始分析）？決策敏感度從兩個維度來衡量：一是決策事務對企業整體的影響程度，二是反應時間（決策事務出現到企業開始對其進行決策調研的時間）。企業對能夠影響自己的「大事」做出反應的時間越短，企業的決策敏感度就越高。

● 未處理事務影響度

企業已經確定需要對一些事務做出決策，而且企業也完全有能力和資源對其進行處理，但是企業卻由於種種原因不對其做出決策。未處理事務影響度衡量的是未處理事務在企業對其做出決策之前對企業造成的影響。未處理事務影響度越高，說明企業的決策能力越弱。

● 無結論事務影響度

有些事務，企業決定對其做出決策，但是卻拿不出決策方案來。當企業內部分歧嚴重或找不到可接受的決策方案時會發生這種情況。無結論事務影響度衡量的是這些事務對企業的影響程度。無結論事務影響度越高，企業的決策能力越差。

● 決策過程損失度

從企業開始對某事務進行決策調研，到開始實施決策方案這一段時間裡，該事務可能已經對企業造成了一定的負面影響。決策過程損失度衡量的是這一段時間內該事務對企業造成的損失的程度。決策過程損失度越高，企業的決策能力越差。

● 決策方案執行吻合度

這是指企業在執行決策方案過程中，消耗資源、實現的結果以及時間表與決策方案保持一致的程度。決策方案有問題，使執行團隊無法按方案執行，或者決策團隊選擇的執行團隊不能夠按決策方案執行，都會使決策方案執行吻合度降低，說明企業的決策能力有問題。

● 決策過程合理性

企業的決策流程是否能夠使合適的人在合適的時間對決策活動做出應有的

貢獻？企業決策流程的各個環節是否銜接緊密，而且管理得當？決策流程合理性越強，企業的決策能力就越高。

●決策質量

決策質量用決策淨收益來衡量。決策淨收益指的是扣除所消耗資源和決策帶來的負面影響後，該決策給企業整體帶來的收益。決策最終為企業總體帶來的淨收益越高，決策的質量也就越高。這裡需要強調兩點，一是此處的收益是從企業整體的角度來考量的。有的決策雖然解決了企業局部的某個問題，但是卻引發其他的問題，給企業整體帶來了損失，那麼這就是個質量不好的決策。二是從做出決策到決策方案執行完畢，企業需要根據情況的變化對決策及其執行方案進行調整。只要決策事務和決策目標沒有發生實質性的變化，那麼這些調整的措施都屬於原決策的「輔助決策」。在評估決策質量時，需要把這些輔助決策考慮在內。

企業決策能力衡量圖如圖1-3所示。

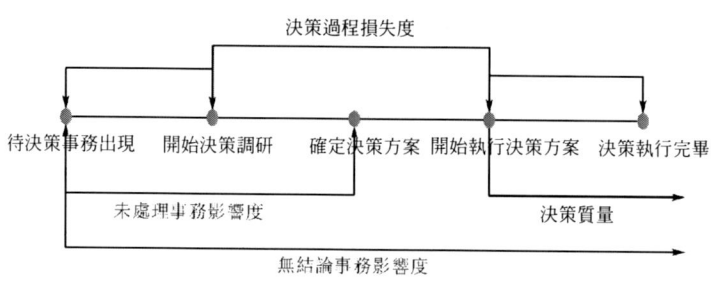

圖1-3　企業決策能力衡量圖

為什麼不用決策時間（從開始決策調研到確定決策方案的時間）來衡量決策的效能呢？有的決策比較複雜，其本身可能就需要較長的時間進行決策；有的情況對企業來說是從沒有碰到過的，企業需要的調研時間比較長；有的事務，即使企業用較長的時間來決策，也不會給企業帶來危害，企業反倒能夠獲得更多的信息，能使決策質量更好。可以說，決策時間長短本身說明不了決策能力的高低。但是，如果某些事務不在某個時間節點得到處理就會給企業帶來損失，而企業卻不能夠及時做出決策，那麼這就說明企業決策能力有問題。另

外，如果企業決策流程有問題，每個環節不能夠緊密銜接而導致決策時間過長，這也說明企業的決策能力有問題。「決策過程損失度」和「決策流程合理性」可以捕捉到這些信息。

雖然事實只有一個，但是多個因素的組合致使人們針對同一個事實做出不同的決策。這些因素可以稱之為「決策要素」。

事實確實只有一個，但是人們的決策實際上針對的是他們能夠「看到」的事實。人們能夠看到哪些事實取決於以下幾點：

（1）決策框架。決策框架也就是前面提到的決策者對需要解決的問題、必須搜集的信息、評價的標準進行定義時遵循的相對固定的理念。在一座房子中，一個人從朝東的方形窗戶望出去，他看到的是東面的方形的世界；另一個人從南面的圓形的窗戶看出去，他看到的就是南面的圓形的世界。物理學家、化學家、社會科學家、神學家、網絡技術工程師和企業總裁等，他們都在看同一個世界，但是他們看的方向和他們的「窗戶」形狀不同，得到的信息也就不同。人的興趣、專業化分工、經歷等使人們用不同的框架觀察世界，因此對事實的認知也就不同。

（2）可獲得的信息。由於技術、時間、方法、環境、意識甚至運氣等多方面的原因，人們獲得的信息是不同的。

（3）理解事實的能力。即便是人們擁有相同的信息，但是人們對信息的理解能力是不同的，這個理解能力來源於天賦和後天獲得的知識。任何明眼人都可以看到蘋果從樹上掉下來了，但是蘋果為什麼往下掉而不是往上飛呢？回答這個問題就需要一定的物理學知識了。邁克爾‧喬丹和其他NBA球員一樣參加訓練與比賽，但是他的身體條件和對籃球的理解讓他卓爾不群。

（4）處理事實的出發點。就算是人們掌握同樣的有關事實的信息，擁有同樣的理解能力，人們處理事實的出發點不同也會產生不同的決策。機床壞了，是修呢還是換新的？機修工的觀點是「修」，因為這是他的工作，他能在兩小時內修好它，而且花費很低。總裁的觀點是「換」，因為這臺機器經常出現問題，雖然問題不大，能夠很快修好，但是打斷了整個生產線的營運節奏，

整個生產線因為這臺機器頻繁停工所受的損失很大。不同的出發點，使機修工和總裁針對同一個事實做出了截然相反的決策。

（5）在限定時間內的可選方案。雖然總裁決定換掉這臺壞掉的機床，但是不幸的是設備部告知新到的機床有幾項指標沒有通過測試，需要和設備供應商溝通，恐怕兩天內無法使用新機床。那麼，眼前只有一個選擇，那就是先修好這臺機床。

（6）確定最終方案的原則。根據什麼原則在備選方案中挑選最終方案？是能夠滿足需求的就可以還是必須在其中挑選各方面綜合起來最佳的？如果是後者，那麼根據什麼原則確定評價標準的優先級？例如，在挑選打印機的時候，兩臺打印機都能滿足需求，但是二者價格和功能不同，那麼是價格優先還是功能優先？

企業決策具有關聯性。一個決策，哪怕是一個普通員工的決策，都可能引發一系列的決策，最終造成很大的影響，形成決策的蝴蝶效應。

有些學者將企業定義為一個人與物（機器、原料、辦公設備等）的有機結合體，是一個開放系統。說企業是有機的，是因為企業的各個組成部分是相互關聯、相互影響的。說企業是開放的，是因為企業和動物、植物等一樣，存在於特定的生態環境中，需要從外界獲取資源，對其進行加工，轉化成某種有形的或無形的產品與外界進行交換，獲得維持自己生存和發展的資源。

但是，企業與動物和植物這些開放系統是有很大的差別的。其中很重要的一點就是：動物和植物這類的開放系統的構成元素是不能夠獨立決策和行事的；而企業的核心組成要素——人，是能夠獨立思考和行事的。企業各個階層的人員基於對自身與環境的認識做出判斷，採取行動。

1979年，美國麻省理工學院氣象學家洛倫茲在一次演講中提出，在亞馬遜河的一只蝴蝶扇動翅膀，可能會在美國引發龍捲風。蝴蝶翅膀的運動引起周邊微弱的氣流運動，而這股微弱氣流引起周邊空氣和其他系統變化，最後產生連鎖反應，直至生成龍捲風。這就是蝴蝶效應。其實，企業也和天氣系統一樣，是各種因素相互關聯作用的複雜系統。由於企業中個人與其他人和資源的

關聯性，每個人的決策不僅僅對決策者自己的行為產生影響，也會影響企業內部和外部相關的其他人員的決策與行為，最終構成企業最高決策層需要面對的現實，影響他們的決策，影響整個企業的生存和發展。我用宏遠公司的案例說明這一點。

宏遠公司決定招聘一名主管營運的副總裁。人事總監指派人事專員小王負責搜集簡歷，然後由人事總監確定面試人選。小王深知這個職務的重要性，決定嚴格挑選。她過目的簡歷中，只要稍有瑕疵的就會被放棄（比如說，有的簡歷寫得比較簡略）。小王又擅自決定多做一些工作：在選到比較滿意的簡歷後，小王親自打電話給候選人，核實簡歷內容。小王的職務和談吐讓候選人覺得宏遠公司很不專業，對候選人不認真對待。結果，候選人要麼告訴小王他們對這個職位沒有興趣，要麼要的薪資水準遠遠高出了宏遠公司的預算。

四個月過去了，小王沒有找到合適的人選。人事總監向總裁匯報說，市場上暫時沒有合適的候選人，會繼續跟進。鑑於企業的營運一直處於無人領導的情況，總裁決定讓營運部三名總監之一的孫總監代理副總裁，參加管理會議並主持營運部的日常工作。

孫總監很興奮，覺得自己的機會終於來了。為了確保自己在代理副總裁期間出業績，他暗示與他同級的兩名總監遲總監和鄧總監，自己已得到總裁的確認，很快會轉正成為副總裁，請他們注意配合。遲總監和鄧總監平時就不大認可孫總監，認為孫總監只會找機會在上司面前展示自己，實際工作並不怎麼樣。孫總監的提升讓他們覺得自己在公司不僅不會得到提升，而且以後的日子也不會好過，於是先後辭職，另謀高就了。而他們的幾個得力下屬也陸續離職投奔他們。短短六個月內，營運部門走了五個重要職員。

總裁勒令人事部必須在最短的時間內補足營運部的人員。人事總監最後只好親自上陣。她負責找副總裁和總監候選人，小王負責經理候選人。人事總監發現，小王以前放棄的簡歷中，有許多是應該安排面試的。在和一些副總裁候選人交流的過程中，有三個人告訴她，他們以前和小王交談過，但是覺得小王不夠專業，對這個職務的很多細節交代得含含糊糊，對他們也不夠尊重，因此

他們才找借口拒絕了小王。最終，其中一個人順利通過面試，成為公司的副總裁。這已經是小王開始找副總裁候選人一年零四個月之後的事了。而代理副總裁的孫總監，在公司宣布新的副總裁人選後不久也辭職了。

關鍵職員的離職，加上一年多的副總裁職位的空缺——這就是一個低級員工的決策的力量。

這樣的案例實在是太多了。1995年被一個28歲的交易員尼克·李森的決策搞垮的世界最古老的銀行之一的巴林銀行，2017年被幾名工作人員和機場保安暴力逐客決策搞得聲名狼藉、股價大幅下跌且支付巨額賠償金的美聯航等都是低級員工決策蝴蝶效應的受害者。

每個決策，都是一系列子決策的組合。每個子決策都可能直接影響決策的結果。

任何一個決策，都包含很多判斷，如問題狀況的判定、問題原因的判定、決策所需信息的判定、決策目標的判定、可選方案的判定、選擇標準的判定等。當需要集體決策的時候，還要包括參與決策人員的選擇、任務分工、集體議事和決策機制等。這些判斷都是整個決策過程中的子決策。這些子決策有的由同一個人做出，更多的情況下由多個人一起或分別做出。這些子決策的質量直接影響最終決策的質量和效率。

必須以決策對企業的整體效益為出發點來制定決策好壞的評判標準。對企業局部來說是好的決策，可能對企業整體來說是壞的決策。

一個人放縱自己的口腹之欲，雖然他的味覺系統感覺很好，但是很快他的消化系統會「提出抗議」，消化不良，然後是血液循環系統（高血壓）、肝臟（脂肪肝）和膽囊（膽囊炎）等「提出抗議」。一個人夜以繼日地玩電子游戲，大腦非常興奮，人也很開心，但是很快他就要面對一系列問題，如近視、駝背、消化不良、記憶力減退和免疫力下降等。企業是人、物組合的有機體，其各個組成部分相互關聯、相互制約。同人體一樣，對企業某一部分有益的舉措不見得對企業整體有益。因此，企業的任一個決策，必須以其對企業整體的影響來判斷其好壞。也就是說，企業內每一個決策的最終目標必須是提高企業整

體的效益，而不僅僅是對局部的優化。

多木公司是世界上最大的 LED（發光二極管）照明元器件封裝廠之一。芯片和熒光粉是該公司最主要的從外部採購的原材料。為了降低成本，採購部門決定每兩個月向主要的供應商詢一次價，並向出價最低的供應商下訂單。這種策略使多木公司的採購成本一直控制在很低的水準。

但是，由於不同廠家的芯片規格和質量不一樣，每次更換芯片，生產廠都需重新調整封裝機的參數設置。在用熒光粉與膠水制成的塗料給 LED 芯片進行著色時，如果想生產同樣色度的 LED 燈珠，必須因芯片的不同使用不同的塗料，以彌補芯片之間的差異。但是，由於不同廠家的熒光粉品質不一，如果想調出同一色度的塗料，熒光粉與膠水的比例就不同。也就是說，每一次芯片或熒光粉的改變，都要引起一系列的調整變化。

產量、按時交貨率和良品率是衡量生產車間績效的指標。由於調整封裝機參數和配置熒光粉塗料是由技術部門負責的，技術部門承擔很大的壓力。頻繁的調整使他們現有的人手顯得明顯不足，於是技術部擴大了編製，增加了 15 個技術人員。但是，由於原料的組合非常多，而且一直處於變化當中，技術部無法給新員工做詳細的培訓。技術人員只能靠在實踐中摸索、試驗來完成任務。生產車間對技術人員可謂是怨聲載道，因為技術人員解決問題的時間很長，而且不能隨叫隨到。最後，大多數車間乾脆專門設立一個「適配比專員」的職位，專門負責熒光粉塗料的調配。這讓公司又增加了 20 多個人。

公司的技術人員覺得他們每天疲於奔命，但是實際上干的不是所謂的「技術」工作，這種經驗到別的公司也不見得用得著。於是，很多人沒干多久就另謀高就了。這更是使得公司雪上加霜，30% ~ 40% 的訂單不能按時交付，而交付的訂單中由於質量不合格，有的只能降價處理，有的被客戶退貨，公司賠款，一年下來，僅僅是賠款就有幾千萬元。

如果再把其他的相關成本計算上去，如公司增加的技術人員和「適配比專員」的各項費用（薪資、福利和辦公費用等），人事部門招聘和處理技術人員離職的費用以及公司客戶服務部門處理客戶投訴的費用等，公司整體的損失

過億元。

生產車間發現，由於無法控制的因素，他們無法完成績效指標，因此對公司的績效考核體系失去了信心。大家對所謂的「獎罰」都抱著無所謂的態度。管理部門花費很大氣力建立並維護的績效考核體系變成了一套無用但是又要花費巨大成本維護的擺設。員工的士氣受到了很大的影響。這些損失是無法直接用金錢來衡量的。

決策行為具有習慣性。好的決策習慣會帶來更多的好的決策，壞的決策習慣會帶來更多的壞的決策。

決策是人們觀察環境與自身情況，對其進行解讀與判斷，採取應對措施的行為。人們的價值觀、經驗、知識、性格和天賦能力等影響人們對事務的認識，進而影響人們觀察世界（包括自身）、解讀信息的角度、方式及其採取的行動。人們的價值觀、經驗、知識、性格和天賦能力等個性化的特徵並不是經常變化的，而人的天賦能力、性格以及價值觀往往會促使人們累積特定領域的知識和經驗，從而強化人們的特質，致使人們的決策行為在長時間內遵循一定的定式。

企業中的集體議事給人們提供了向他人學習、修正或優化自己決策行為的機會。但是，一些因素卻使人們無法利用這些機會。首先，企業的組織架構、績效考核機制、企業文化等因素迫使人們採取特定的行為。其次，企業及企業各部門的最高負責人的個人偏好往往決定了其負責領域內集體議事的規則。有的公司的集體議事的流程不給大家足夠的時間進行真正、徹底的交流，甚至使一些人沒有時間充分表達自己的觀點。有的公司集體議事會則變成了相互攻擊的爭辯會。有的公司的集體議事會變成了領導定調子、大家附和領導意見的「合唱會」。還有的公司的集體議事會被幾個善言的強勢者把持，其他人由於語言表達能力和性格等因素無法表達和參與。最後，企業內部的政治因素，如部門利益、個人動機與彼此之間的恩怨等使人們不僅不去認真思考他人的見解、向他人學習，反倒是更加固執己見。人們不願意在集體會議上說出自己的真實想法，尤其是對一些跨部門的敏感問題。

久而久之，這些集體議事機制成為一種「習慣」，除非企業或部門的最高領導人發生變化，否則其所負責領域的決策流程和方式，無論是個人決策還是集體議事，都會保持一定的穩定性。

正如好的生活習慣能夠持續給人帶來益處，壞的生活習慣會持續給人帶來害處一樣，好的決策習慣能夠使人們做出更多的好決策，壞的決策習慣則使人們做出更多的錯誤的或是不夠好的決策。有的企業通過一個又一個決策使自己逐步發展壯大，有的企業通過一個又一個決策殺死自己。

可怕的是，人們不知道自己一直是在用錯誤的或不夠好的方式在做決策。讓人們對自己的決策習慣做出評價是非常困難的。有多少人會懷疑自己看世界的角度有問題呢？有多少人會懷疑自己「看到」的「事實」呢？即便事實證明其做了一個錯誤的決策，人們會自然而然地將其歸因於壞運氣、其他人的過錯、世界變化了等，很少有人會反省自己的決策過程，更少有人會追究是不是自己的決策框架有問題。

企業決策分為基礎層和操作層兩個層級。企業中絕大多數問題源自基礎層的不當決策。

無論賽車手多麼高明，如果他開著一輛設計不合理、故障頻出的汽車參加F1大賽，他肯定會輸。企業就是一輛賽車，有關設計企業這部賽車以及決定其參加什麼樣的比賽的決策就是基礎層的決策，如何駕駛這部賽車的決策就是操作層的決策。

基礎層的決策包含下面這些決策：

（1）評估企業的能力和可調動的資源。

（2）確定目標市場。

（3）確定發展目標和競爭策略。

（4）確定向目標市場提供的產品（除非特別說明，本書中產品包括實物產品、虛擬產品以及服務）。

（5）確定組織架構。

（6）確定工作流程。

（7）設計工作崗位，如崗位職責、工作程序、工作環境、權限等。

（8）確立管理制度，如績效考核、獎懲、晉升制度等。

操作層的決策是指企業員工在某一工作崗位完成具體工作時需要做出的、基礎層以外的決策，如招聘員工、完成具體的生產任務等。操作層和基礎層兩個層級的關係如圖1-4所示。

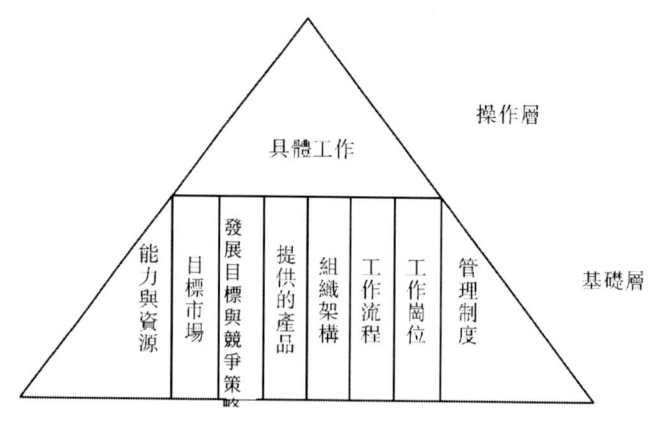

圖1-4　兩個層級的決策

基礎層的決策構建了企業價值創造活動（輸入資源、生產和銷售）的基礎平臺。企業員工的日常工作都是在這個平臺上完成的。正如一部賽車的構造、性能在很大程度上決定了賽車手的策略和駕駛動作一樣，企業平臺在很大程度上決定了企業員工的決策和行為。員工在平臺上被賦予特定的身分，企業的架構、流程、崗位和制度實際上體現了企業對他們的行為的期望。員工需要以企業賦予的身分、按照企業的各種成文的或不成文的規則去決策、行事，否則就會出局。

企業每天都要面對林林總總、各種各樣的問題：員工流失率高、企業效率低、成本高企不下、跨部門協作溝通差、銷售不達標、殘次品多……實際上企業的大多數問題，甚至絕大多數的問題的根源來自企業基礎層的問題。基礎層問題不解決，這些問題便永遠得不到解決，總會以各種形式顯現出來。

值得指出的是，企業基礎層的決策是相互關聯的。企業對自己的能力和資源認識有誤，那麼其發展目標、競爭策略、目標市場等都可能有問題。如果其

管理制度有問題，那麼企業的工作流程就可能無法充分發揮其能力。如果企業的產品有問題，在市場上賣不出去，企業可能會被迫修改原來比較合理的管理制度，以「遷就」這個賣不出去的產品。

企業決策是決策者個人利益和企業利益相平衡的產物。企業的組織架構、權責分配和獎懲機制決定了個人利益與企業利益相結合的水準，進而影響整個企業的績效表現。

員工加入企業，是為了追求自己的利益。對於多數企業雇員（包括 CEO）來說，企業是滿足自己物質和精神需求（安全、尊重、自我實現甚至愛和歸屬感）的最主要的工具和場所。而且，在很多情況下，雇員是看不清自己的行為會對企業的利益帶來多大的損害的，而個人得失卻是清清楚楚、明明白白的。企業雇員在做決策的時候，把自己的利益置於企業利益之前是再自然不過的事情了。

職務的安全性、個人發展機會、工作本身帶來的快樂和成就感在很大程度上決定了個人在企業中的決策動機。這三個基本要素的組合決定人的基本的生存、安全、社交、尊重和自我實現需求是否能夠得到滿足。

企業的組織架構、崗位設計、獎懲和權責分配等機制直接體現與影響企業人職位的安全性、個人發展機會和工作資源的配備情況。工作資源的配備情況在很大程度上影響了員工在做本職工作時的心情和成績。如果把企業雇員對個人利益的追求比作水流，那麼企業的組織架構、獎懲和權責分配機制就是溝渠。設計合理的溝渠會因勢利導，將企業內所有的水匯集起來，使其在流動的過程中承舟載船，灌溉農田，實現企業的利益。設計不合理的溝渠有的使水流四處分散，不僅不能夠形成更大的力量，而且使小股水流很快揮發殆盡；有的溝渠實質上變成了阻擋水流由高向低流淌的堤壩。水流與溝渠形成了對立的關係，結果是要麼水流干涸，要麼就是水流衝過堤壩，使堤壩形同虛設，不僅不能灌溉農田，實現企業的利益，還可能形成澇災，傷及企業的利益。

很多決策，需要由一系列的輔助決策對其進行完善和調整之後才能實現最終目標。

我們在做決策的時候認識的世界可能不是真實世界的本身，我們掌握的信息可能是殘缺不全甚至是有謬誤的，我們對事物的理解可能是有偏差的，我們對當時和未來的假設與猜測可能是有問題的。

隨著時間的推移，我們會掌握更多的信息。事物的發展也會逐步驗證我們以前做的假設和猜測。我們對事物的理解也可能會更加深刻。因此，我們有機會做出一些新的決策，對原來的決策進行調整。如果這些新的決策沒有改變原來決策的目標，那麼其就是原來決策的「輔助決策」——輔助原來的決策實現其目標；如果這些新的決策改變了原來決策的目標，實際上是對原來決策的否定，那麼這些決策就是新決策。

對很多決策而言，輔助決策是非常必要的，甚至比原來的決策更重要，因為這些輔助決策是基於更新的信息、更客觀的現實和對事物更深刻的認識做出的。但是，如果對原來決策依據的信息和假等沒有清楚的認識與記錄，不對有關這些信息和假設的情況變化進行跟蹤，是很難做出正確的輔助決策的。結果往往是，情況變了，但是企業仍然執行原來的老決策，與現實偏離得越來越遠；或者是做出相互重疊甚至衝突的決策，浪費了資源和時間。

決策是企業員工最基本的工作技能之一。

如果一個普通員工的決策都有可能對整個企業造成很大的影響，那麼是不是有必要採取措施，以提高普通員工的決策質量呢？

既然決策是人類觀察、解讀外部和自身情況，形成其對自身與外部環境之間關係的認識，並據此對各種情況採取應對措施的整個過程。那麼，企業的員工應該如何觀察、解讀企業和自身的情況，如何認識自己與企業的關係呢？當他們在工作中遇到各種需要處理的問題，他們應該如何決策，以便採取對企業整體最有利的措施呢？

每天，企業不同級別的員工都會做出大大小小的不同的決策。這些決策的出發點是不是一致的？如何避免決策相互重疊和衝突的現象呢？

決策是和員工完成崗位工作必需的財務、生產、銷售等專業技能同等重要的基本技能。同這些崗位技能相比，決策技能的影響力更大，因為其不僅僅能

夠幫助員工解決崗位問題，還能夠影響員工的所有行為，包括其學習專業技能的行為、自身獨處以及與他人互動的行為。企業上下統一的決策流程和原則能夠為企業員工提供一種共同的語言和解決問題的工具，大大提高企業溝通和解決問題的效率，同時還能幫助企業形成強有力的文化。

風靡全世界，被很多企業家和管理學者實踐、研究的豐田模式與精益思想也將「善於思考的員工」視為持續改進和發展的真正根源。在「豐田精益企業屋」模型中（見圖1-5），「善於思考的員工」被置於「屋頂」的地位。

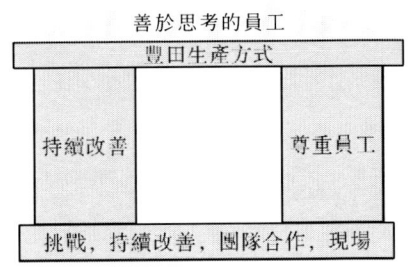

圖1-5　豐田精益企業屋

圖片來源：約翰·比切諾，馬蒂亞斯·霍爾韋格. 精益工具箱［M］. 王其榮，譯. 北京：機械工業出版社，2016.

在企業中，決策不僅僅是處理某個事務。決策過程富含多重意義。相關方對這些意義的解讀影響他們的行為，也影響企業決策的質量。

除了決定對某事務的處理方案，企業的一些決策過程可能包含下列附加的意義：

（1）確認現實。

（2）統一對未來的看法。

（3）對過去追責。

（4）表彰某些人員。

（5）將參加者分成勝利方和失敗方。

（6）某些參與者自我展示的機會。

（7）建立友誼。

（8）打擊敵對者。

（9）決策者確認自己對某事務的認知。

（10）確立地位。

（11）顯示權力。

除了「確認現實」和「統一對未來的認識」之外，強化決策過程其他的附加意義都會將決策參與者的關注重點從處理決策事務本身轉移到其他方面，甚至對某些人來說，處理決策事務變成了實現其他目的的手段。這種決策過程的「政治化」無疑會使扭曲事實、操控信息、分化決策團隊等行為大行其道，嚴重影響企業決策的效能和決策的質量。

相對來說，集體決策能夠提高決策的質量。但是，成功的集體決策也是有前提的。

雖然一個人力排眾議，一意孤行並獲得成功的例子並不是沒有，但是相對來說，企業集體決策獲得成功的概率更高一些。其原因有二：一是企業及企業所處環境複雜多變，專業化分工越來越細，企業管理涉及多個領域的知識和技能。企業又是各部分相互關聯、牽一髮而動全身的有機體。集體決策能夠使企業更加客觀地、從各個角度瞭解現實情況，並且激發更多的可選方案。二是集體決策能夠使參與者更瞭解決策的來龍去脈，對決策的理解更深刻徹底，並且加強其參與感和責任感，進而減少實施過程中的誤解和阻力。

但是，企業集體決策的成功也是有前提條件的。不滿足下面這些條件，集體決策可能反倒不如個人決策行之有效。

（1）合理的人員組成。每個參與人員具備如何決策待處理事務的相關知識和理解能力，所有參與人員的知識、技能組合能夠滿足處理決策事務的需求。

（2）共同的動機。參與人員都抱有使決策事務得到圓滿處理，即會企業利益最大化的動機。

（3）合理的議事和決事機制。在此機制下，每個參與者能夠分享所有必要的信息，與其他參與者進行徹底的溝通，充分發表自己的見解和貢獻自己的能力，最後用合理的方法選出最優的決策方案。

（4）勝任的集體決策牽頭人。該牽頭人能夠根據參與人員的特長分配角色和任務，並且根據參與人員的個人特點選擇適當的議事方法，做到人盡其言、人盡其能。同時，決策牽頭人能夠把控決策過程的各個環節，使決策團隊高效地完成各階段的任務，並且使各環節無縫銜接。

（5）必要的權限。決策團隊有權力調動、使用必要的資源。

（6）核心參與人員的穩定性。每個決策是由決策團隊做出多個子決策後最終完成的。決策做出後，可能需要做出一些輔助決策對其進行完善和調整。核心參與人員的頻繁變更會影響各個子決策和輔助決策的質量，最終影響最終決策的質量和連續性。

企業營運涉及多方利益和複雜的判斷，需要人們理性決策。然而，人類天生就不是純理性的。很多情況下更是「感性」決定了所謂的「理性」，而且人們對此並不覺察。企業需要採取必要的措施，幫助決策者盡可能理性決策。

諾貝爾經濟學獎得主丹尼爾·卡內曼（Daniel Kahneman）在其《思考，快與慢》一書中對人類大腦的思考機制進行了詳細的探討。卡內曼形象地描述了人類的大腦有兩個系統：系統1和系統2。系統1可以說是人類的「直覺」系統。它生成印象、感覺和意向。系統1讓人覺察不到地、毫不費力地自動運行，只要人類大腦不受損傷，它就一直工作，而且它從不會控制自己，人類也無法關閉它。系統2是人類的「深度思考」系統，也就是「理性」系統，它具有主動搜尋記憶功能、複雜計算功能、比較功能、規劃功能、決策功能和自我批評功能。系統2是可以按規則運行、能根據屬性來對比物品、能深思熟慮做出選擇的。系統1不具備系統2的這些能力。系統1能察覺簡單的關係（比如「他們長得一模一樣」「兒子比父親高得多」），還擅長整合關於一件事的所有信息，但不能快速處理多個獨立的事務，也不能利用純粹的統計學信息。

如果系統2能夠主導系統1，而且一直勤奮工作並且自動運行的話，人類可能就會比現在理性得多。可惜的是，事實恰恰相反，系統2非常懶惰，通常處於放鬆狀態，運行時也只有部分能力參與。系統1不斷為系統2提供印象、感覺和意向等信息。如果系統2接收了這些信息，則會將它們轉變為信念，將衝動轉化為自主行為。可以說，系統1生成的印象、感覺和意向是系統2明確信念的主要來源，也是經過深思熟慮後做出抉擇的主要依據。通常情況下，一切都會順利進行，系統2會稍微調整或毫無保留地接受系統1的建議。系統2更像是系統1各種情感的贊許者而非批評者。系統2搜尋的信息和論據多半局限於與已有看法一致的信息，並不著意對其進行調查審核。而非常積極並且追求連貫性的系統1為要求不高的系統2提供了各種解決方案，系統2也就樂而受之。

　　雖然系統2還能夠對系統1進行監督，但是系統2會為系統1留下很大的空間。系統2可能對系統1產生的錯誤毫無所知。即使對可能發生的錯誤有所察覺，也需要系統2進行強有力的調控和積極的運作才有可能避免。但系統2自身卻很懶惰，除了必需的努力外，它不願多付出，哪怕是一點點。時刻保持警覺性，並且總是質疑自己的想法是不現實的。畢竟系統2在代替系統1進行日常抉擇時總是耗時很長且非常低效。因此，雖然系統2認為是自己選擇了人們的想法和行為，可實際上，這些選擇都是在系統1的引導下完成的。

　　事實上，系統2常常是由系統1激活的。當系統1的運行遇到阻礙時，或者是對問題沒有答案時，便會向系統2尋求支持，請求系統2給出更為詳細和明確的處理方式來解決當前問題。如果事物違反了系統1設定的常規模式，系統2也會被激活。

　　問題是系統1有很多超級本領來「解決」問題。例如：

　　（1）系統1可以自動且毫不費力地「確定」事物之間的因果聯繫，即使有時這種關係根本就不存在。

　　（2）系統1可以將當下的情形與新近發生的事情聯繫起來，再結合對近期的各種預期考慮，對發生的事做出貌似合理的解釋。

（3）對於有難度的問題，系統 1 會找到一個替代問題來回答，這個問題比原來的問題更易作答。當人們按照要求對某事做出判斷時，他們實際上是對其他的事情做了判斷，並且認為自己經完成了任務。

（4）當我們對答案不確定時，系統 1 就根據過往經歷去「賭」一個答案。它把最近發生的事及當前情境視作抉擇時最重要的因素。如果沒有閃現出任何最近發生的事，那就選擇更為遙遠的記憶。

（5）在沒有清晰情境的情況下，系統 1 會自行建立一個可能的情境，將各個「片段」關聯起來，創造一個連貫的故事。

（6）系統 1 會為各個領域設定標準和範例，並且用這些標準和範例來理解、看待這個領域內的個體事務。

系統 1 的這些本領能夠幫助人們對事務迅速做出反應，而且有的時候是非常正確的，但是在很多情況下，系統 1 的判斷是錯誤的。然而，系統 1 還有一個更厲害的本領，就是「所見即全部」（What you see is all there is）。系統 1 可以充分忽略沒有看到的事實和證據，僅根據現有的信息講出連貫的故事，做因果關係「清晰」的判斷，讓人們信心滿滿地忽略自己的無知。

系統 2 在大多情況下會贊同系統 1 的直覺性判斷，進而形成人們的信念，這些信念又準確地反應了系統產生的印象。系統 2 之所以會和系統 1「同流合污」，除了懶惰和疏忽，還有一點就是缺乏能力。現實中很多理性的判斷需要有統計學、心理學、管理學等知識，而大多數人並不具備這些知識。另外，系統 1 是不間斷地、積極地向系統 2 輸送信息，對其施加影響；而即使系統 2 在某些時候被激活，它也不是隨時保持警惕的。讓系統 1 完全執行系統 2 的命令且不做多餘的工作也很難。

可以說，系統 1 是決策故事的主角，哪怕是那些訓練有素、知識淵博、以理性思考為生的專家也會被它打敗。在《思考，快與慢》一書中，作者就講了這樣一個案例。1952 年，在巴黎召開了一次討論風險問題的經濟學大會，很多著名的經濟學家都參加了該次會議，包括了後來的諾貝爾經濟學獎得主保羅・薩繆爾森（Paul Samuelson）、肯尼斯・阿羅（Kenneth Arrow）、米爾頓・弗里德曼

（Milton Friedman）和統計學界的帶頭人吉米・薩維奇（Jimmie Savage）等人。大會的一位組織人，即在大會召開幾年後也獲得諾貝爾經濟學獎的莫里斯・阿萊斯（Maurice Allais）準備了幾個關於選擇的問題請與會嘉賓作答。結果，這些著名經濟學家和普通人一樣，犯了邏輯上的錯誤，並且違背了理性選擇的原則。

在另外一項實驗中，實驗組織者請有經驗的法庭心理學家和精神病學家評估讓一位精神病患者出院的安全性。這個精神病患者叫瓊斯，有暴力傾向。同樣的統計數據是用以下兩種方式表述出來的：

（1）估計那些與瓊斯類似的病人在出院後最初的幾個月裡對他人使用暴力的概率是 10%。

（2）估計在 100 個類似瓊斯的病人中，大約有 10 個人在出院後的前幾個月裡對他人使用暴力。

看到第二種描述的專業人員讓病人出院的比例幾乎是看到第一種描述的專業人員的 2 倍（分別為 41% 和 21%）。很顯然，相同的內容，表述方式不一樣，就會讓人們產生不同的判斷。系統 1 又「贏了」。

關鍵的問題是，系統 1 引導人們做出了一個決定，但人自己卻沒有意識到自己的決定是這樣做出的。系統 1 不會記得自己放棄的幾個選項，甚至都不記得曾有過多種選擇。有意識的懷疑需要同時在大腦中記住多種互不相容的選項，需要付出辛勞進行分析，而這並不是系統 1 的長項。系統 2 接受了系統 1 的「建議」後，會努力去尋找支持這個建議的證據，這使得人們更難質疑這個決定。

按照丹尼爾・卡內曼的說法，人類大腦的局限使它沒有足夠的能力重構過去的知識結構或信念。一旦觀點發生變化（部分改變或接受全新的觀點），人們基本上就無法回想起自己觀點改變之前的那些想法了。也就是說，人們會用現在的觀點詮釋過去。這就為人們事後客觀地評價過去做出的決定增加了更多的困難。

總而言之，人類自然的決策過程和「理性決策」距離很遠：人們把眼前的、容易得到的信息當做全部信息；在信息不足的情況下得出結論；憑聯想創

造出連貫的「故事」；不在意證據的數量和質量；對事件發生的基礎比率和樣本數量的合理性不敏感；先做結論，再刻意尋找能夠證實自己想法的證據，忽視負面的數據；受情緒、情感左右，不根據事實和數據做出判斷；喜歡將問題與其他問題「孤立」起來考慮，而不是將多個問題整合在一起通盤思考；以點帶面，以偏概全；對人、事做判斷時，容易受其明顯特性影響，一好百好，一損俱損；為群體、類別設定概括性的範式、標籤，忽視其中的個體差異和特徵；對極端的、小概率事件比較關注；以現在的觀點解讀過去的事情和決策；在決策過程中走「捷徑」；除非刻意努力，我們的「理性」不挑戰我們自己的「感性」判斷。不僅如此，我們對自己的思考和決策過程沒有清晰的意識，但是對自己的決定常常過度自信。麥克斯‧巴澤曼（Max Bazerman）和唐‧摩爾（Don Moore）在他們的《管理決策過程中的判斷》（*Judgement In Managerial Decision Making*）一書中對人類決策走捷徑的行為做了詳細的歸納，有興趣的讀者可參考閱讀。

詹姆斯‧馬奇在他的名著《決策是如何產生的》一書中，列舉了其他生理條件對決策者的約束。

● 注意力

人類注意力集中的時間和能力是有限的。人們不能同時關注所有的事情。在精力和體力有限的情況下，決策者可能會忽略應該關注的問題，或者在決策時為了節省時間而「走捷徑」，不進行深入的調查研究與討論。將時間和精力用在不重要的、錯誤的事情上的現象更是司空見慣。

● 記憶力

組織和個體存儲信息的能力是有限的。記憶會出錯，歷史可能未被記錄。更為有限的是個體和組織檢索已儲存信息的能力，無法確保在適當的時候檢索出以前的內容，在組織內部某一部門存儲的信息難以被另一部門使用。

● 理解力

決策者的理解能力也是有限的。決策者很難組織、概括和運用信息來推斷決策事務的因果聯繫和所處狀況的相關特點。決策者通常擁有限的信息，但是

不能發現信息之間的相關性，他們或者根據信息得出不可靠的論斷，或者無法把已經獲得信息的不同部分聯繫起來得出一致的解釋。

● 溝通

決策者交流信息、共享複雜的和專業的信息的能力也是有限的。勞動的分工推進了專業化人才的集中和使用，但是也加大了知識、能力、語言的差異化，不同的文化背景、不同的年代、不同的專業領域之間很難溝通，不同群體的人們用不同的框架來簡化這個世界。

企業需要針對人類自有的決策方面的弱點採取措施，幫助企業管理者在決策中降低非理性因素的影響，提高決策質量。其核心包括：第一，充分激活決策者的「系統 2」；第二，使決策者充分重視決策依據的信息的質量；第三，合理分配決策任務。這些正是本書的主要內容。

確定如何做決策，是決策者做出的最重要的決策。管理企業的決策，是企業最基本的管理技能。

假設有兩個登山隊，老鷹隊和獵豹隊比賽攀登一座他們從未登頂的山峰，全隊先到者獲勝。兩個團隊的裝備、人員素質完全一樣，唯一不同的是，老鷹隊有足夠的錢租用一架直升機，載著他們的隊長對這個山峰進行一次空中考察。請問：哪個團隊獲勝的概率更大一些？

毫無疑問，是老鷹隊。原因很簡單，老鷹隊的隊長通過空中考察，可以知道到山頂會有幾條通道，哪條會是最優的通道，從而可以和自己的隊員們做出一個行動規劃，合理安排隊員所帶的裝備、給養以及登山的節奏。而獵豹隊卻需要靠猜測、試錯來找尋合適的道路，他們將不得不攜帶盡可能多的給養和裝備以應對未知的情況。

在不斷摸索嘗試的過程中，獵豹隊的隊員極有可能因為意見不合而發生爭執，影響團隊的士氣和登山的進程。老鷹隊卻不必陷入如此痛苦的內部紛爭和消耗。即使他們遇到一些其隊長在空中考察時沒有看到的情況，他們也知道方向是對的，大家只要齊心協力克服眼前的障礙就可以了。老鷹隊的效率無疑大大高出獵豹隊。

在企業中，如果決策者能夠像老鷹隊的隊長那樣，對如何做決策事先做出行動規劃，對決策事務進行一番「空中偵察」，那麼，他們就不必像獵豹隊那樣在深山中痛苦地摸索和爭吵了。在企業中，實施有關決策的「空中偵查」需要思考和回答下列問題：

（1）根據什麼標準來判定某事務需要處理？（方向性問題）

（2）根據什麼理論框架或邏輯來確定、分析事務之間以及事務內部各組成部分之間的關係？

（3）從哪些角度來分析這一事務？

（4）對這一事務做出決策，需要哪些信息？

（5）應該由個人還是集體做出決策？

（6）如果是個人決策，誰是合適的決策人？如果是集體決策，誰應該參與決策團隊？

（7）應該用什麼樣的決策機制進行決策？

（8）決策應該在什麼時候做出？

（9）衡量決策是否成功的標準是什麼？

某個企業，A、B兩個部門的員工之間經常發生爭執。A部門負責人指責B部門員工刁難A部門員工，B部門負責人指責A部門為了自己的部門利益而對B部門提出無理要求，損害B部門的效率。主管A、B兩個部門的王總監認為，A、B兩個部門的負責人之間的個人恩怨是問題的主要根源。人事部認為，A、B兩個部門的人員沒有必備的溝通技能，需要培訓。企業的副總經理梁先生認為，A、B兩個部門之間的工作流程有問題。當梁先生和王總監在食堂吃飯討論這個事情的時候，他們的談話被企業的總經理何先生聽到了。幾個問題下來，何總經理認為問題的癥結在於組織架構不合理，A部門和B部門本來就應該是一個部門，而不是兩個部門！

同一個現象，由不同的人去處理，就會有不同的對問題的定義和應對方案，產生不同的後果。決策對了，問題解決；決策錯了，不僅解決不了根本問題，反倒可能帶來更多的問題。

企業人每天都在解決各種各樣的問題。哪些問題是由「錯誤」的人處理的？哪些問題是由解決其他問題的決策產生的？有哪些問題一直解決不了，但還是由同一批人一次又一次地在「解決」？有一些問題一直存在，為什麼無人去解決？又有哪些問題一直在製造其他問題，卻無人問津？為什麼會出現這些情況？

企業中所有問題最大的根源是人。人的行為造成了不良後果。而人的行為源於人的決策，甚至是少數人的少數決策。選擇企業中任何一個問題，連續問5~7個「為什麼」，看看問題的矛頭最終會指向何方。表1-1是一個示例，我們假定每一個答案反應的都是實情，有興趣的讀者可以繼續推演一下。

表 1-1　　　　　　　連續問 5 個「為什麼」示例

問題 (1)	為什麼銷售業績不達標			
答案 (1)	競爭對手產品的質量比我們的好	銷售團隊能力不足	競爭對手產品價格低	銷售目標定得太高了，銷售人員全都超負荷工作，他們個人業績比競爭對手公司銷售人員的業績高很多了
問題 (2)	為什麼我們拿不出質量比對方好的產品	為什麼我們銷售團隊的能力不足	為什麼他們能夠做到比我們的價格低這麼多	為什麼定這麼高的銷售目標
答案 (2)	我們的產品設計有問題	銷售總監挑選銷售人員和管理方法都有問題	因為他們的成本比我們低很多	……
問題 (3)	為什麼我們設計不出好的產品	為什麼我們能讓這樣無能的總監管理銷售團隊	為什麼他們能夠做到成本比我們低這麼多	……
答案 (3)	設計部門能力不足	……	因為他們公司的工作流程比我們的更有效率	……
問題 (4)	為什麼設計部門能力不足？	……	為什麼我們的工作流程比他們的差	……
答案 (4)	因為當時給他們的預算只夠雇用目前這樣水準的設計人員			
問題 (5)	為什麼只給他們這麼多預算			
答案 (5)	……			

讓我們再看看企業的興衰史。為什麼在同樣的環境中，有的企業蓬勃發展，有的企業關門倒閉呢？柯達、雅虎、諾基亞、王安電腦、康柏等公司，每

家都擁有雄厚的資金和技術，每家的高管都是世界級的、有過輝煌成功史的能人。為什麼這些公司卻黯然退出歷史舞臺呢？

《基業長青》的作者，美國史丹佛大學的吉姆·柯林斯（Jim Collins）和其合作夥伴從多個行業的 200 家頂級公司中選出了 18 家成就最大、事業最恆久的公司，總結了一套公司能夠基業長青的法則。這些公司包括國際商業機器公司（IBM）、惠普、摩托羅拉、花旗、美國運通、強生、默克、波音、通用電氣、寶潔、沃爾瑪、迪士尼等。瑞士洛桑國際管理學院的菲爾·羅森茨維格（Phil Rosenzweig）總結了能夠找到可比數據的其中 16 家公司的業績。從 1991 年到 2000 年，也就是吉姆·柯林斯和杰里·波拉斯結束對這些公司研究後的 10 年，16 家公司中，只有 6 家公司的股東總回報率能與標準普爾 500 指數持平，餘下的則低於市場平均水準。從 1991 年到 1995 年，在能找到可比數據的 17 家公司中，只有 5 家公司的利潤率是上漲的，11 家下滑，1 家不變。為什麼這些頂級的企業的表現比不過其他企業呢？

對上述問題的答案恐怕只有一個：企業決策的問題。即使是非常成功的頂級企業家，管理著世界頂級的企業，他們的下一個決策也未必是正確的，他們的企業的未來也不見得會繼續輝煌。有的時候，過去的成功反倒給一些人士和企業帶來決策的困境。過去的成就帶來過度自信，使決策者低估風險，高估自己對未來的判斷的正確性和對環境的掌控能力；死死抱著過去成功的策略、已經掌握的技術和做事方法，不根據實際情況採用新的策略、學習新的技術和做事方法；滿足於利用企業在行業內的領頭地位獲取利潤，忽視新技術、新產品的威脅；用過去的成功帶來的權利替代學習、替代科學的決策過程等。在被事實證明即使按照苛刻的標準挑選出來的頂級公司也不能基業長青後，柯林斯又出了幾本書，包括《大公司如何倒下》（How The Mighty Fall）和《因選擇而偉大》（Great By Choice），其核心觀點是決策決定公司的興衰。

對於個人來說，最基本的技能就是決策的技能。有了這個技能，個人可以更從容、客觀地應對各種情況。對於個人來說，最重要的決策就是決定自己如何做決策。做好這個決策，個人會做出更好的決策。

對於一個企業來說，最重要的決策就是決定整個企業如何做決策。做好了這個決策，企業各層級和企業整體會做出更好的決策。對於一個企業來說，最基本的技能就是管理整個企業決策的技能。有了這個技能，企業可以及時發現待決策事務，指派合適的人用合理的機制做出明智的決策，減少甚至避免企業內部重複或重疊的、相互矛盾的、決而不行的決策，最大限度地減少非理性因素對企業決策的影響。同時，整個企業可以不斷地學習、提升自己的決策技能，大大提升企業的管理效能。

決策管理是對企業各層級人員所做決策的各個環節和要素，如人員、信息、流程等進行規劃、組織、支持、協調與控制的行動組合。

企業決策管理主要包含下列內容：

（1）決策事務管理。決策事務是指企業需要對其做出決策的事務。本書主要探討企業當前以及潛在的問題和機會。決策事務管理的目標是及時發現所有企業需要決策的事務，合理分配決策人員，按照決策事務的優先級進行決策；避免重疊、重複甚至相互衝突的決策以及主次不分、浪費管理人員時間和精力的情況。

（2）決策流程管理。這是指根據決策事務的特性和本公司實際情況，選擇並使用合適的程序和決策方法進行決策。

（3）決策人員管理。這是指選擇合適的人員，以合理的方式將其組織起來，並對其在決策過程中的行為進行指導、監督、評價和獎懲。

（4）決策信息管理。決策信息管理就是對決策所需的信息的生產、採集、加工、傳播、使用以及保存過程進行管理，盡可能提高決策所用信息的充分性、客觀性、準確性和時效性。同時，保存決策的主要信息，包括決策事務、決策人員、決策流程、決策使用信息、決策內容、執行人員和執行結果等，便於事後查詢使用。

第二章
那麼多人在管理企業，但是誰在管理決策？

《為什麼決策失敗》（*Why Decisions Fails*）的作者保羅・納特（Paul Nutt）研究了400個大中型組織做出的決策，結果發現其中一半的決策在兩年內除了耗費資源以外，對組織沒有什麼實質性的影響。

斯坦迪什集團（Standish Group）發布的「2004年混亂報告」顯示，在9,000多個信息科技（IT）項目中（45%的被調研公司屬於《財富》美國1000強的公司，35%的被調研公司屬於中等公司，20%的被調研公司屬於小公司），53%的項目延期或是超過預算，另有18%的項目被取消了，只有29%的項目是成功的。由於這些數據都是公司自己提供的，實際情況可能比數據顯示的還要糟糕。

畢馬威公司對700例企業收購合併案的研究數據顯示，83%的收購沒有提高股東價值。

保羅・納特還於1993年調查並分析了168個商業決策，其中只有29%的決策者考慮了一個以上的選擇方案。這個數字甚至比青少年的數字還低（在菲施霍夫對青少年的調查中，這個數據是30%）。

保羅・納特發現最高決策人可以回憶其成功與失敗的決策，但是基本沒有人系統地反思他們做決策的過程。

我也調研過276家在中國境內經營的公司，包括外資企業、國有企業和私營企業。沒有一家公司給中層及以下員工提供過有關決策的培訓，有23家公司給高層提供過有關決策的培訓。25家公司的領導人說他們有時候會對某些決策的過程進行反思。只有5家公司對公司部分事務有明確的如何做決策的規定，但基本上是類似店鋪選址這樣的事務。

為什麼會出現這些情況呢？缺乏對企業決策全面、正確的理解，缺乏對決策進行管理的意識是最主要的原因。企業中的種種亂象，折磨企業老板和員工的種種難題，很多都可以歸結為一個原因：在企業中，沒有人在真正地管理決策，企業沒有合理的決策管理機制。

有些企業的基本設置和企業文化使員工不得不做出次優的，甚至危害企業利益的決策。

年度部門預算與績效考核機制

很多企業將企業分成多個職能部門，上級領導與每個部門確定年度成本（花費）預算和業績指標，年終時考核各部門費用控制情況和績效指標，然後實施相應的獎懲措施。這種制度給企業決策帶來很多問題。

●扭曲信息，使企業決策逐漸脫離現實

由於很多企業在設定績效指標時沒有一個客觀標準，主觀性很強，因此預算和績效指標的設定變成了各個部門負責人與上級的「談判游戲」。領導盡可能拉高目標，而部門負責人盡則可能地壓低自己部門的業績指標，獲取更多的可支配資源（人頭預算、花費額度和機器設備等）。如何做到這點呢？扭曲信息！誇大競爭對手的優勢、壓低市場增長預期、掩藏本部門的能力、虛報一些要做的項目、誇大成本……招法琳琅滿目，不一而足。當然，與上級領導的個人關係是很重要的因素。個人關係好，相對來說資源就多些，績效指標就低些；個人關係不夠好，資源就少些，績效指標就嚴苛一些。

對市場、競爭對手、成本、部門能力等關鍵信息的扭曲使企業最高層在決策時失去了客觀性。由於很多企業的年度預算和業績指標是在上一年度的基礎上進行調整的，而且調整的幅度往往不大，因此預算和業績指標一旦確定，就可能影響後面多年的年度目標。這使企業決策長期脫離現實，直至企業發生重大的危機。

●犧牲長期利益

在很多企業中，實現年度財務目標的努力常常是以犧牲企業的長期利益為代價的。為了增加利潤，產品研發、技術創新、品牌建設、設備保養和人員培訓等這些不能短期見效的投入往往被控制在最低水準，有的低到只是具有「象徵」意義而已。如果出現需要削減開支的需要，這些投入會首當其衝，成為首批被「砍」的對象。

很多企業不能及時地調整、優化產品結構，淘汰失去競爭力或即將過時的產品，推廣、提升新產品，就是因為這些老產品畢竟在短期內還能夠帶來銷售

額，能夠幫助企業實現短期的財務指標。在老產品上繼續投入，小範圍地優化和縫縫補補，讓很多企業浪費了大量的資源和寶貴的時間，甚至直接被淘汰出局。在蘋果公司推出「iPhone」的幾年前，諾基亞研究中心就已經向最高領導層提供了具有可聯網、大觸摸屏特徵的新一代手機原型機。柯達公司很早就關注並且掌握了數字相機技術，但是其一直試圖保護膠片攝影相關的業務，甚至試圖將數字攝影技術與傳統膠片業務結合。柯達公司開發了「Advantix」預覽相機；用戶可以在「Advantix」上預覽拍攝的照片的效果（數字技術），但是不能將其保存到其他數字媒體中，必須到沖印店上將照片沖印出來。

有的企業甚至有意限制新產品的發展。在個人電腦剛剛興起的時候，IBM公司為了保證公司的個人電腦產品不對其當時的王牌產品大型機（Mainframe）造成威脅，規定個人電腦不能採用最新的英特爾芯片，只能使用上市幾個月的芯片，以使個人電腦與大型機拉開檔次。

● 業務決策次優化

如前所述，很多企業在制定年度預算和指標時，是以上一年的情況為「錨點」進行調整的。如果今年的費用沒花完，那麼下一年的費用預算就可能被消減；如果今年業績指標超額完成太多，那麼下一年的業績指標就會比今年的實際完成額更高，在這種政策下，各部門節省花費，大幅度超額完成任務會給自己帶來更多的麻煩。

為了連年實現績效指標，部門負責人採取各種手段「安排和調整」業務，致使企業不能實現利益最大化。比如說，有的企業給採購部門設立的年度目標是「採購平均費用在上一年的基礎上降低 $x\%$」。採購部在確定供應商時，往往以各種借口屏蔽掉那些出價最低的供應商，而選擇報價居中而且後面幾年有降價空間的供應商，這樣完成每年降低採購費用的指標就有保障了。同樣，很多企業的物流部門的年度指標是「物流費用比上一年度降低 $x\%$」。那麼，那些報價最低、沒有繼續降價空間的物流供應商往往不會得到生意。

有的公司的銷售、生產部門明明可以很大比例超額完成年度的銷售或產量指標，但是為了防止第二年的指標定得太高，他們故意放緩工作節奏，確保在

年終時完成的銷售額或產量比原來設定的目標稍高或稍低一點，最終實現既能拿到當年的獎金，又不推高下一年指標的「最佳」組合。

至於說年底「突擊花錢」，將訂單日期提前或推後以配合績效考核時間更是司空見慣，甚至是企業最高管理層都採用的常規手法了。

不僅如此，由於各個部門單獨與上級談判設定部門年度績效指標，缺乏整個企業的全盤規劃和協調，個別部門在實現本部門績效指標的時候很可能危害企業整體利益。拿目前很多合同物流公司為例，公司對銷售部門的考核指標是獲得更多的業務，而對操作部門的考核指標是「操作失誤率低於 $x\%$」或是類似的指標。對操作部門來說，業務增多不見得是好事，反而會增加操作失誤率。為了減少操作失誤，操作部會盡可能地阻止銷售部門接受那些操作有難度的業務，通常的做法是虛報操作成本，增加銷售部門的難度。如果不得不接受這些業務，那麼就盡可能地配備更多的人手和設備，這無疑會增加成本，讓銷售部門在競爭中失去優勢。即使合同簽下來了，公司的利潤也沒有達到最優的水準。

有些公司的客戶服務部門負責接聽客戶電話，其考核指標是「在電話鈴響第一聲 10 秒內接聽的比例不低於 99%」和「客戶投訴在 24 小時內得到解決的比例不低於 90%」。無疑，對於客服部門來說，業務量的增多對自己並無好處，因此當客戶打電話進來詢問產品的有關細節時，客服人員草草應付了事，使公司失去了很多業務機會。

有的公司以產品線劃分事業部，各個事業部獨立核算。但是，有的產品和產品之間存在競爭關係，結果出現了嚴重的「自相殘殺」的現象。我在惠普公司供職期間，與 IBM 競爭某省高速公路聯網收費需要的服務器和其他電腦設備招標項目。IBM 的大型機 ESA390 事業部和 Linux 小型機事業部展開了激烈的競爭，互相攻擊。客戶對 IBM 這兩類產品的弱點清清楚楚，而且深信不疑，因為這些信息和數據都是有 IBM 自己人提供的。惠普公司「漁翁得利」，獲得 5,000 萬元大單。

● 有害的決策「合法化」

既然某部門的指標是上級認可並且督促實現的,那麼其他部門就很難去指責這個部門的行為。由於專業化分工和各個部門之間的信息壁壘,其他部門想要證實這個部門行為的弊端也非常困難。如果在證據不充分的情況下發起攻擊,攻擊方反倒會陷入不利的境地。

● 形成保護次優決策、阻礙企業整體優化決策的「利益均衡」

如果你的部門攻擊我部門,那麼我的部門自然可以反擊。各部門領導會意識到,部門之間的相互攻擊揭短對彼此都不利,只會給上級提供「打擊」各個部門的「子彈」。因此,部門之間往往會心照不宣地達成某種共識,大家盡可能維持和平,不相互攻擊,把各自的精力用於「搞定上級」。

結果是,當老板要求大家找出公司的問題所在時,大家都諱莫如深,最多談一些非常明顯且無關痛癢的問題。對那些真正的、牽扯面廣的問題,大家都是避之不及。跨部門溝通不順暢是讓很多公司的 CEO 非常頭疼的問題。其實,產生這個問題的根源極有可能就是 CEO 的決策。

久而久之,CEO 不得不接受這個被人為操控的、表現並不是最優的企業的現實,並在此基礎上小修小改。企業一直帶病生存,並且日益惡化。很多企業成為「成功的落伍者」——各個部門完全達標,員工也拿到了相應的獎勵,但是企業整體上卻落後於競爭對手和市場的整體發展水準。那些實力雄厚,並且占據了一定行業地位的企業可以憑著以往累積的「體能」堅持一段時間,直至危機突然爆發,大廈轟然倒塌。

曾幾何時,平衡計分卡風行於世。在制定各領域績效指標時,很多企業仍然是沿用傳統的領導與各部門主管談判的方式確定,並且這些指標與年度預算一併成為決定部門負責人的年底薪資等福利調整的衡量標準。由於指標設定的主觀性和隨意性以及不同領域之間的指標並不相互協調,甚至相互矛盾或抵消,再加上實現績效指標時各種人為的操控,平衡計分卡不僅沒有使企業更「平衡」、績效更好,反倒使企業「更不平衡」、更混亂,帶來的收益根本不能補償實施平衡計分卡投入的資源。

多維度的矩陣式組織架構使情況更加複雜。例如，將中國按地域分成幾個區，各區設立區域總部。在中國總部設立市場、銷售、人事等支持性職能部門，對各個區域內的對應職能進行管理和協調。這種架構最顯著的特點是同一事務直接牽扯多方的利益（績效），需要多方共同決策。從決策的角度來看，其最明顯的好處是可以整合多方的智慧，從不同的層面和角度看待同一事務，並做出決策。但是，與以部門核心進行年度考核的管理制度結合，這種架構會對決策帶來很大的負面作用。具體如下：

（1）增加決策時間和決策難度。一個涉及多部門共管領域的決策，需要多方首肯才能通過，溝通協調的時間相對比較長。而讓一個決策流產，只需一個部門說「No」就行了。那些對整個企業有益，但是會傷害個別部門利益的方案，由於該部門的阻撓會過早地胎死腹中。在有些企業中，涉及多部門的方案必須經過所有相關部門同意後才能上報到最高決策層，因此那些以犧牲部門利益為代價，換來整個企業更大收益的方案可能永遠也到不了最高決策層。

（2）短板效應。一個木桶能裝多少水，是由木桶桶身上最短的那塊板子決定的。由於決策須由參與決策的各方認可，各方中能力最低的一方往往決定決策的質量。例如，某公司的市場推廣活動由總部市場部統一安排。該公司北方區業務較差，區域總經理認為北方區需要做一系列的市場推廣活動。可是，總部市場部負責人感覺自己的人手不足，而且如果認可北方區總經理的提議的話，等於是至少部分承認北方區業務不好是因為市場部的支持沒有到位。於是，市場部負責人告訴北方區總經理：第一，其他三個區域的市場活動並不比北方區多，但是業績不錯，是否請北方區同時也研究其他領域提升業績的機會。第二，鑒於區域部門更熟悉自己的業務，是否請北方區提供更詳細的市場活動方案，並說明對業務提升的效果，以便總部市場部調配資源支持。由於北方區並沒有專業的市場行銷人員，北方區總經理更是萬事纏身，最後只好由北方區的銷售部提供了一個簡單的活動方案。總部市場部再做一番調整，此事就算交差了。

（3）「挑馬」現象。「賭馬」活動中，下註者手握籌碼，可以在眾多賽馬

中選擇可能對自己帶來最大收益的馬。有些企業的設置，讓個別部門或人員享有這種「挑馬」的特權。

某國際第三方物流公司按照產品線劃分獨立核算的業務單元，包括國際海運貨運代理、國際空運貨運代理和中國國內合同物流業務。但是銷售部門卻負責銷售公司的所有產品，業績衡量指標是年銷售總額。雖然中國國內合同物流的合同金額相對比較大，但是由於其銷售週期長、對銷售人員的綜合物流知識要求高、銷售成功的不確定性大，銷售人員把精力主要花在銷售海運和空運貨運代理業務上，而給公司的反饋則是合同物流客戶對公司的操作能力不認可。該公司的合同物流業務本來就少，也確實無法充分展示其操作營運能力。合同物流部的總經理職位兩年內換了三個人也打不破這個惡性循環。該公司合同物流業務基本可以忽略不計。

這種現象在總部支持性職能部門+地區業務部的組織中司空見慣。由於很多總部的職能部門的業績指標是全國性的，因此支持性部門會把精力和資源花在最容易出成果，而不是最需要的地方。結果往往是「錦上添花者熙熙攘攘，雪中送炭者蹤跡皆無」。更嚴重的是，對一個區域來說，要想提升業績，市場推廣、銷售、營運等各個領域的相互配合是必不可少的，但是總部的支持性職能部門卻各有各的算盤，結果某一職能部門在某一區域的投入往往因為缺乏其他職能部門的相應配合而造成浪費。

層級制與其他政策的組合

任何企業都是有層級的。企業將組織縱向分為若干級別，每一級都對上一級負責。管轄範圍、權限隨著層級的降低而縮小。毋庸置疑，層級制有其必要性和優點，但是層級制本身也具有弱點。企業需要以適當政策彌補或弱化層級制的弱點，否則企業員工的決策會受到很大的負面影響。

層級制最大的問題就是「一贏多輸」：一個組織單元的最高領導崗位只有一個，但是爭取此崗位的人卻不止一個。在爭奪領導崗位的競爭中，一人獲勝，眾人皆敗。換句話說，企業中，少數的「獲勝者」領導著眾多的「失敗者」。

在很多企業中，行政級別的提高是員工在職業上獲得提升的唯一途徑。雖然有的企業同時有專業方面的晉升機制，如從技術員提升到高級技術員，但是與行政級別的提升相比，專業方面的晉升帶來的收益往往相差很多。除了可以理解的調動資源的權力方面的差異，行政級別的提升比專業方面的晉升在工資、獎金、股票期權等方面的收入，辦公環境（獨立的、更大的辦公室），交通條件（公司配車），培訓機會，接觸範圍和工作安排自由度等方面帶來的收益都要多很多。也就是說，在這樣的公司中，行者級別的提升是員工獲得成就感、尊重，甚至是自我實現的唯一方式。

同時，在大多數企業中，員工的績效表現是由員工的行政上級評定的，而且這個上級只有一個人。

使情況變得更複雜的是，企業職員工作的穩定性越來越差。終身雇傭制基本上已經成為歷史了，就連「位高權重」的CEO的位子也往往是三五年就換一個人。盡可能和員工簽短期合同，明示或暗示員工「任何人都可以被馬上替代」成為流行的做法。

在上述環境下，「盡可能長時間地保住現有位置」和「騎馬找馬」成為經理人的最佳戰略。他們開始順理成章地採取如下行動：

● 從上

除非有足夠的把握，能夠替代自己的上司，否則聽從上司安排，不挑戰其決策。

● 弱下

盡可能地消除下屬對自己造成的威脅。趕走、抑制可能對自己發起挑戰的下屬；細化下屬的工作，使其無法獲得本部門全局信息；控制下屬與上級的溝通機會和內容，減少他們向自己上級展示能力的機會；強調遵從與執行；等等都是常見的做法。

● 外展

增加自己在公司外展示自己的機會，引起獵頭和潛在雇主的注意。

● 內聯

與同級別的其他部門負責人盡可能不互相攻擊，避免上級各個擊破。團結聽話的下屬，形成共同利益團體，最好實現「牽自己這一發，而動部門全身」的效果，增加公司使自己去職的代價。如有可能，與比自己頂頭上司級別更高的人，尤其是頂頭上司的老板建立較好的個人關係。

● 速效

盡可能做短期內見效的項目，持續展示自己工作的正面效果。

● 常尋

經常、有意地尋找跳槽機會。

這些行為給企業帶來的負面影響是巨大的，滲透到各個層級，涉及方方面面。單從決策的角度來看，其負面作用如下：

（1）各個業務單元只有其最高負責人一個人掌握全局信息。該單元的業務決策極易受其最高負責人個人能力、偏好和心態變化的影響，並且為其扭曲信息留下很大的空間。

（2）各層級管理者很難獲得真實的信息，並很難根據真實的信息來決策。

（3）決策效應短期化，企業的長期利益被忽視。

（4）企業的核心問題長期被掩蓋。

（5）決策政治化，即從領導意圖、個人政治利益而不是從事務本身出發進行決策活動。

（6）各級管理者決策帶來的問題可能比解決的問題更多。企業陷入負效（帶來負面效果）加無效決策的惡性循環。

工作資源分配

工作資源是指處於某崗位的員工完成其指定工作所需的各種資源。對於經理人來說，工作資源包括：

（1）制定本部門工作目標和計劃的參與權。

（2）人力資源。其具體包括：

①獲得完成指定工作所需的足夠的、稱職的員工。

②本部員工的選擇權。

③員工部門內工作的調配權。

④對本部員工的績效進行評價並根據事先制定的規則進行獎、懲的權利。

⑤對本部門人員在本部門內晉升、降級的決定權。

⑥對本部門人員在公司內其他發展機會的推薦權。

（3）物質資源。其具體包括：

①獲得完成負責部門指定工作的足夠的、合格的機器設備、原材料、資金等物質資源。

②對這些資源的支配權。

（4）對上游環節工作成果的評價權和建議權。

（5）本部門工作結果的反饋知情權。其具體包括：

①獲得下游環節對本部門工作結果的及時、全面的反饋。

②獲得上級對本部門工作的及時、全面和客觀的評價。

（6）相關部門工作計劃及其變動的知情權。及時獲得和本部門相關的其他部門的工作計劃及其變動的信息。

（7）公司整體發展戰略知情權。

現實中，非常多的經理人並沒有這些工作資源，但是卻要對工作結果負責。往往是經理人層級越低，工作資源越匱乏。但是，低層級經理人的工作結果卻可能直接影響甚至決定企業的最終產出。比如說，很多工廠的一線經理（組長、主管、車間主任等）其實並不具備這些工作資源，但是他們卻要管理直接決定產量和質量的工人，而產品的產量和質量就是企業賴以生存的基礎。工作資源與責任分配的不合理對經理人的決策行為和企業的整體決策質量造成了很大的負面影響。

●造假行為

為了「完成」工作，避免懲罰，有些經理人會採取造假行動。出於對工作資源不足，但是卻要對結果負責這一不公平現象的不滿和報復，造假行為很

容易突破經理人的道德防線，使經理人並不對造假行為有任何負罪之感。

● 管理障礙

有些經理人沒有足夠工作資源，對下屬的獎罰權和對其晉升、調動等未來發展機會沒有足夠的影響力，但是卻要督促下屬完成任務，經理人往往得不到下屬足夠的尊重，甚至會遭遇下屬的直接抵抗，而經理人更會利用所有可能的工具對下屬加強控制。有的經理人強化執行公司的規章制度，不允許任何變通；有的經理人乾脆直接完成本應該由下屬完成的工作；有的經理人甚至利用個人體力、脾氣震懾下屬。在這些情況下，經理人與其下屬的工作衝突往往會演變為個人恩怨。一般的工作衝突往往因為工作問題的解決而解決，但是這種個人之間的矛盾往往根深蒂固，很難消除，這會成為組織高效運行的巨大障礙。

● 不做為

既然努力也可能改變不了工作結果，有些經理人會採取不做為策略。他們盡可能迴避工作中的挑戰，扮演「老好人」，四處「和稀泥」，對待問題能推就推，能躲則躲。

● 浪費能力

經理人如果缺乏一些關鍵信息，如下游環節對自己部門工作結果客觀的、及時的評價，相關部門工作計劃信息，公司整體戰略規劃等，他們不能夠充分發揮自己的才智和能力主動調整本部門工作，難以配合企業各個部門的整體運作。

● 助長公司政治

工作資源與責任分配不合理為相互推諉責任和爭搶功勞留下了足夠的空間。同時，那些掌握著資源的部門或個人則成為多方爭取的對象。這為根據個人關係和好惡，而不是工作需要進行資源的實際分配創造了很大的餘地。

● 低級問題高層化

由於沒有足夠工作資源解決問題，很多問題會被上升到組織的更高層級去解決。結果，企業高層管理者寶貴的注意力和時間會花在本該由低層級解決的

問題上。而企業高層管理者往往由於對低層級的具體情況和信息不夠瞭解，在時間和精力有限的情況下，決策時往往會走「捷徑」，出現決策失誤。結果是，高層級管理者不僅被占用了本該用於高層級決策的時間和精力，還對低層級問題做出錯誤決策。

●對經理人能力的誤判

某部門沒有實現績效指標，是因為部門領導人的能力有問題、工作流程有問題、掌握資源的部門支持力度不夠，還是其他原因呢？而一個部門業績達標了，那麼是因為該部門管理營運得好、掌握資源的部門支持得當，還是僅僅是運氣的原因呢？如果工作資源分配不合理，判斷經理人的真實能力和業績表現就是一個很大的難題。這可能會導致公司績效考核體系的徹底失敗。

缺失的決策過程管理

有一段時間，流程再造和優化成為一種潮流。但是有趣的是，大多數公司，包括世界級的大企業，其流程優化項目中不包含對企業決策流程的優化和管理。為什麼呢？是因為企業對決策流程的管理和優化的認識不夠深入嗎？是因為很多企業的流程優化項目都是由一些中層主導的，他們不敢觸碰這個企業高層很敏感的領域嗎？是因為企業高層認為企業的決策流程已經很好了，不需要優化和管理嗎……原因不得而知。

現實是，由於企業沒有體系化的、合理的決策流程，缺乏對決策事務、人員、信息和議事過程的管理，造成了大量的浪費，做出了大量無效的、低質量的甚至是有害的決策，威脅企業的生存和發展。

1. 發現不了真正的問題

誰來發現並提出企業的問題，尤其是涉及企業的戰略、組織架構、績效考核和跨部門工作流程的企業全局性的大問題？通過什麼渠道瞭解這些問題並反應給企業最高決策者？這些基礎問題一般都是橫跨多個部門和專業領域的。一般來說，是企業的最高決策層對這些問題做出決策。在很多企業中，除了CEO，幾乎沒有人能夠掌握涉及這些問題的全部信息。企業中很少有人能夠對

這些問題做出評判。企業的 CEO 往往忙於督促下屬執行他的決策，甚至多數時間是在「救火」，誰來發現並指出這些領域的問題呢？

企業中有些高層人士會意識到這些問題，但是他們選擇了沉默。一方面，他們不具備足夠的、全面的信息，對自己的判斷信心不足；另一方面，他們出於自保，不敢貿然挑戰企業的最高決策層。至於企業中的一些中低級別員工，即使他們敢於向自己的上級提出這些問題，他們的上級也會讓他們「管好你自己的事兒」。是啊，在這樣的企業中，讓這些員工頭疼的事兒不是已經足夠多了嗎？

很多企業沒有就發現需要決策的事務並對其進行上報、診斷和處理做出明確的規定與指導，尤其是非生產線領域的事務。員工在處理、匯報哪些問題上具有很大的「靈活性」。他們可以隨意選擇隱瞞哪些問題、忽視哪些問題、處理哪些問題、擱置哪些問題。結果是很多重大問題沒有在早期被及時發現，直到問題很嚴重，引起高層注意時才得以解決。有些問題則遲遲得不到解決，從小問題演變成大問題。有些對企業整體來說影響很大的問題，被低級別員工當成小問題草草「解決」，帶來更多問題。

在這樣的企業中，企業高層變成發現問題的主力，而且忙於處理一系列事務性的問題。但是，這支「主力軍」雖然疲於奔命，「戰果」卻並不理想。這主要是由於三大原因：一是來自企業內部的阻力。既然企業沒有規定哪些問題必須上報、上報給誰，那麼員工、部門就可以隱瞞對自己不利的問題。當上級或其他人問起時，一些員工、部門以「正在努力處理」為借口堂而皇之地搪塞過去，其他員工、部門出於「相安無事，不互相揭短」等種種原因也不向上級匯報。二是企業高層時間、精力和注意力有限，尤其是當他們被一系列的事務性問題纏住後，他們決策的質量會大打折扣，甚至有些貌似簡單、影響小，但實際上複雜、嚴重的問題被忽略。三是企業的一些問題，要麼是高層自己的決策造成的，要麼是不解決對自己有利。出於威信、職位等自身利益的考慮，有些高管會選擇隱瞞、忽視這些問題。

於是，我們看到很多企業帶著在外人看來非常明顯的問題，甚至是致命的

問題營運，而企業內部的人似乎渾然不知。

2.「錯誤」的人解決錯誤的問題

誰來對企業中的各種問題進行診斷、分析並做出決策？最常見的做法是，問題的症狀在哪個部門或其管轄的專業領域內出現，就由誰來解決。銷售業績不好，自然由銷售部門來解決。但是，如果是公司的產品沒有競爭力怎麼辦？應由銷售部門向公司領導提出來嗎？自然可以。如果銷售部門對銷售人員的管理上存在不足，銷售人員的能力也有待加強，銷售部門還會向領導提出產品沒有競爭力的問題嗎？在這種情況下，會有多少人相信銷售部門反應的公司產品的問題呢？領導會不會覺得銷售部門在為其業績不好而找借口呢？畢竟，公司中確實也有些銷售達到了其銷售指標吧。

請市場部門做一個客戶調研，讓數據說話如何？別忘了，公司在開發這個產品的時候，就是市場部門做的市場調研，開發部門開發產品的時候，參考了市場部門的報告。你指望市場部門新的市場調研報告否定其上一次做的報告嗎？況且，這些產品是公司老闆首肯的吧？

同理，次品率高，這個問題由誰來解決？生產部門？生產部門要多麼有智慧，要花多大的力氣、用多大的勇氣證明次品率高是由於生產設備本身的問題、生產技術部門對設備參數調試的問題、採購部門採購的原材料的問題等多種原因造成的？

公司中的其他問題，如人際衝突、低效率和諧（指大家和和氣氣擱置問題）、跨部門溝通不暢由誰來解決？人事部門嗎？給大家提供溝通和衝突管理的培訓嗎？

由於企業沒有合理、完善的決策管理機制，加上員工欠缺必要的決策分析能力、經驗、信息和權力，企業中的很多問題都是由「錯誤」的人用錯誤的決策「解決」的。最常見也是最有害的就是由低層級的人去解決本應該由高層級的人解決的基礎層問題。企業的中高層經理人不能、不敢也不想指出企業最高層決策的問題，只能對企業基礎層問題的表面問題做些零敲碎打式的「優化」。企業的最高決策層將企業的問題歸咎為各層級執行不利，責成各部

門分頭解決各自的問題。整個公司都忙著去摘掉變黃的樹葉，剪去干枯的樹枝，沒人去檢查大樹的土壤是否有了問題，樹根是不是有了問題。

在這種情況下，培訓、教練、流程再造、六西格瑪、精益和平衡計分卡等所有的管理工具實際上都是用來解決枝枝蔓蔓的問題的，難怪很多公司聲稱這些工具都無用或是收效甚微呢。

3. 相互重疊、衝突的決策

企業中，尤其是具有一定規模的大中型企業內部常出現決策相互衝突、決策重疊、資源浪費的現象。

公司老板將公司所有高管聚集到山清水秀的度假村，開了三天的高管閉門會。會議中老板強調大家要以公司的長遠發展為重。在老板的帶領下，高管團隊集思廣益，確定了企業長期發展的「願景」和「使命」。度假村高管閉門會議中老板還強調各部門要以企業整體利益為重，要有團隊精神。閉門會議後高管們又就地參加了一個為期兩天的團隊建設拓展訓練。但是，根據人事部的政策，公司和所有高管只簽一年的工作合同，每年根據各高管的表現和公司情況續簽。度假村高管閉門會議沒過兩週，財務部通知各部門高管，要準備下一年的部門預算了，各高管的績效按照部門預算達標情況考核！一個只簽了一年合同的高管如何在部門預算中體現他們剛剛制定的企業長期發展的願景和使命呢？

銷售部門和客戶服務部門增加投入，想出各種方法來提高客戶忠誠度。而生產部門為了減少成本，降低了產品的質量。對產品質量不滿的客戶會忠誠嗎？

生產部門想盡一切辦法，試圖提高產品合格率，但是原料採購部門為了降低採購費用，購入了低質量的原料，結果生產部門提高產品合格率的努力付諸東流。

某客戶對公司的產品和服務不大滿意，籌劃提前招標，選擇新的供應商。銷售部門絞盡腦汁，試圖促成兩家公司的高層會面，使兩家公司盡釋前嫌，至少延遲客戶更換供應商的舉措。就在這個時候，財務部門為了完成自己部門的

應收帳款的績效考核指標，請法務部門給該客戶高層發去了一封格式工整、口氣嚴厲的律師函，告知該客戶上一批貨物 13 萬元尾款的支付期限已經過去 20 天了，如果對方不能夠在 5 個工作日之內支付該款項，公司將採取法律行動。兩家公司的高層還會見面嗎？見面談什麼……

為了申請 ISO9001 認證，公司組織了一批人，包括外部的認證專家，梳理了公司的流程，並製作了幾百頁的流程文件。公司總經理辦聘請了外部諮詢公司，優化企業的流程。生產部門招聘了精益人員，優化生產流程。信息技術部門為了開發信息技術系統，通過招標的方式邀請外部專家優化生產部門下屬的模具廠的流程……所有的這些流程優化工作在一個企業內同時發生！

總部市場部為了準備總裁在公司年度管理層會議的演講，斥資幾十萬元向某市場調研公司購買了市場調研報告。而公司的北方區為了準備同一個會議，也向這家調研公司購買了市場調研報告。市場調研公司的銷售總監被難住了：把一個報告賣給同一家公司兩次，似乎有點不太道德。但是，如果告訴客戶他們公司其他部門也購買這個報告，會不會捲入該公司內部的政治鬥爭中呢？誰知道這兩個互不通氣的部門打算如何使用這份報告呢？最後，市場調研公司決定把報告改頭換面，分別賣給了總部市場部和北方區。

這樣的案例數不勝數。

4. 建立在信息「沼澤」上的決策「大廈」

信息是決策的基礎。決策所用信息的充分性、客觀性、準確性和及時性在很大程度上決定了決策質量的好壞。但是，很多企業沒有對決策所用信息進行及時收集、整理和儲存的決策信息管理體系，缺少對企業內各階層決策所用信息進行鑑別的機制，不關注決策所用信息是否豐富到足以支持客觀的決策，沒有明確的規定指導決策者如何對信息進行分析。更有甚者，企業形成了一種不深究真實信息，而是以經過加工的信息進行溝通和博弈的文化。結果是很多決策建立在片面的、不真實的信息基礎之上，決策的結果不言而喻。而這些決策的結果，又會變成其他決策的信息，使企業進入決策的惡性循環。

（1）戰略性扭曲信息。前面所說的為了確保年底完成績效指標，企業各

部門故意隱藏真實能力、壓低市場自然增長率、誇大競爭對手優勢、提高資源需求、控制超出績效指標的比例等，都屬於部門負責人「戰略性」地扭曲信息，以便在與上級就年度預算和績效指標的談判以及與其他部門爭奪資源的戰爭中獲得勝利。但是，上級畢竟是上級。上級也會在談判中「戰略性」地扭曲信息：強調自己產品的競爭優勢、弱化競爭對手、提出比本來計劃更高的績效指標、公示低於實際數量的資源供給能力⋯⋯

在經營活動中僅僅提供和使用對自己有利的信息也是一種「戰略性」的扭曲信息。雖然這種做法沒有人為地篡改信息，但是也是為了某種目的而故意損害信息的全面性。報喜不報憂、報憂不報喜、斷章取義、避重就輕等都屬於這類扭曲。

可怕的是，在很多企業中，很少有人對這種扭曲信息的行為提出批評和指責，也很少有人追究到底什麼是真實的信息，要求各方以得到有權威性的、真實的信息為基礎進行決策。相反，直接溝通的雙方往往形成一種「默契」：你用你的信息，我用我的信息。你掂量我的信息的含金量多少，我估計你的信息的水分大小。最後，大家「心照不宣」地達成妥協。其他人則更是「事不關己，高高掛起」，不會深究信息的質量。結果是企業中充斥著各種經過加工扭曲的信息，人們可以根據自己所需任意引用，企業決策離現實越來越遠。

（2）不甄別決策所用信息。使用容易得到的信息，而不是應該使用的信息；不對決策所用信息的質量進行考量是企業中常見的行為。

很多企業經常根據一些調研（問卷、電話訪談等）的結果進行決策，但是對調研和數據生成的過程不管不問。有些調研人員在開展調研活動的時候，雇用一些兼職人員或臨時工去邀請目標人群填調查問卷。這些兼職人員或臨時工則自己想辦法冒填調查問卷，免去日曬雨淋、被人拒絕之苦。有些調研人員暗自縮小服務合同規定的調研規模，根據很少的目標人群反饋撰寫調研報告。有的調研外包公司甚至有固定的問卷槍手，什麼問卷都由這些人來填。有的公司做客戶滿意度調查，請自己的銷售人員提供客戶聯繫方式，而銷售人員則可以選擇那些回答對自己有利的客戶來參加調研。哪怕是公司內部的員工滿意度

調查，調查人員也可以通過調整問卷中的問題而影響調查的結果。

眾所周知，互聯網是獲得信息的一個非常方便的渠道。人們在享受點點鼠標、動動手指就可以獲得信息的便利的時候，不願意花時間和精力去鑑別網絡信息的真實性，更別提深入研究得出結論和數字背後的方法與原理了。對一些人來說，互聯網的方便性還體現在「你總可以找到支持你觀點的信息」。用互聯網上的信息證明自己的預判，忽略與自己觀點相悖的信息，而不是搜集正反兩方面的信息進行客觀的分析，成為許多決策者的「捷徑」。

企業中決策者所用信息很多來自下屬。負責的事務範圍越大、越複雜，決策者就越依賴下屬提供的信息。那麼，下屬提供的信息真實嗎？全面嗎？有沒有摻雜他們個人的偏好和判斷在其中呢？

公司副總裁要制定市場推廣策略和銷售策略。市場部做了一個市場調研，將結果提供給副總裁，供其參考。那麼，副總裁如何知道市場調研的結果是否正確和客觀呢？而又有多少副總裁會考慮到需要考證一下市場調研結果呢？在制定市場調研方案時，市場部的參與人員有很大的空間將個人偏好體現在調研方案中，從而影響調研結果。比如說，相對於市場調研，市場部更傾向於把市場部的預算花在打廣告上，畢竟廣告代理商是自己的老朋友了。他猜想公司產品的主要受眾可能是富裕階層，於是暗示市場調研公司，如果覺得自己批准的市場調研費用緊張的話，可以重點調研在高檔場所出入的人群。市場調研公司向市場部提交了市場調研報告後，市場部負責人並沒有把調研報告直接交給副總裁，而是利用其部分結果，加上自己的觀點，撰寫了一份分析報告，提交給副總裁。副總裁的決策是什麼呢？當然不出乎市場部負責人的預料。

有些老闆很瀟灑，只做「選擇題」。他們要求下屬自己發現問題，然後提供備選解決方案。老闆本人只在下屬提供的方案中做選擇。這樣一來，下屬的空間就更大了。把對自己有利的問題找出來，再提供幾個都對自己有利的解決方案，或者讓其中對自己有利的方案的優勢明顯強於對自己不利的方案，那麼老闆的「決策」不就在自己的掌握之中了嗎？

有時候，下屬並不是有意操控上級的決策。由於其所在的位置、看問題的

角度以及個人能力、偏好等因素，他們對上級的指令理解並不正確。有些上級給下屬發布的指令也很籠統模糊，這又給下屬發揮自己的「才智」留下了足夠的空間。由於精力、時間和能力等多方面的限制，老板常常無法發現下屬對問題的診斷和解決方案中的問題。老板一旦認可了下屬的診斷和方案，那麼這個錯誤的診斷和方案就具備了合法性，「堂而皇之」地製造問題，引發一系列的錯誤決策。

企業中，經常出現經理人將自己下級的決策結果或提供的信息包含在自己的報告中，提供給自己的上級做更高層次的決策。如果事後發現自己下級的決策或信息有誤，很多經理人會選擇「將錯就錯」，不僅不會糾正自己的下級，還會隱瞞不報。因為如果讓自己的上級發現自己提供的信息是錯誤的，這就直接顯示了自己的不稱職。如果自己的上級已經用了自己的信息並上報給更高層級，那麼承認這個的錯誤等於直接宣布上級的決策或信息是錯誤的，上級也有失察之過，這會讓上級的處境非常艱難。這樣一來，只要一個錯誤的決策結果或信息越級成功，它們就會被合法化，很難會被發現和糾正。

（3）以數字代替現實。「用數字說話」是在很多企業中流行的座右銘。盡可能量化我們觀察到的事實，以便簡化、衡量和溝通這些事實本無可厚非。但是，很多決策者在實踐中漸漸走向了一個極端，那就是僅僅關注能夠用數字表達的事務，甚至是僅僅關注少數幾個數字，坐在辦公室內分析報表代替了親身的體驗和觀察。換言之，數字即為全部事實，成為決策的唯一基礎。企業規模越大，層級越多，決策者級別越高，這種傾向往往就越明顯。僅以數字為基礎做決策是有很多弊端的。

第一，不是所有的事實都能夠用簡單的幾個數字表達清楚的。

客戶在與公司打交道的過程中感受到的麻煩、委屈、憤怒和喜悅有多少能夠用客戶投訴率等數字表現出來？同理，員工在公司內部工作中感受到的麻煩、委屈、憤怒和喜悅有多少能夠用員工離職率或是其他數字表現出來？員工離職了，他們草草填寫的離職調查表上的數字能不能展示他們真正的離職原因？在現場觀察員工操作獲得的流程改進的靈感通過什麼數字能夠獲得？在餐

館等消費現場獲得的味覺、視覺、聽覺、觸覺等混雜在一起的綜合感受用什麼數字來表達……

第二，一般來說，如果數字是準確的，那麼它描述的是已經發生的事實。

在看到這些數字的時候，決策者只能接受已經發生的事情，被動地對其做出反應。如果決策者試圖防止一些不良事件在未來發生，僅僅根據過去的數字也是不夠的，因為構成企業內外環境的各種要素可能已經發生了變化，它們之間的交互不可能重複過去的軌跡。

第三，數字很有可能受人為因素的影響，不能反應真正的現實。

資產折舊方法、聯合成本分攤方法、庫存數量和價值統計方法等的選擇影響企業的財務數字。各種關鍵績效指標（KPI）的設定和數據的收集與統計方法也影響企業及其員工在 KPI 上的表現結果。數字不是現實！

第四，決策者可能並不掌握所有必須掌握的數字。

客戶對公司產品或服務不滿意，大多數人並不投訴，那麼決策者如何知道這些不投訴的客戶究竟在哪些方面不滿意呢？潛在客戶選擇了競爭對手的產品，而不是本公司的產品，是什麼原因呢？和競爭對手相比，本公司的營運效率如何？那些離開的員工，哪些是有能力且真正關心、熱愛這個企業，但是因為企業的問題而不得不離開的？那些留下的、所謂「忠誠」的員工，哪些是能力並不強，但是因為企業管理的弊端而在此能夠找到生存空間的……由於經驗、管理理念和成本等方面的限制，很多決策者手頭的數據是不全面的。

第五，只關注有數據的事實，忽略無數據的事實。

過度強調「用數字說話」，致使企業中各級管理者將注意力集中於已有的或容易收集數字信息的事實，而忽略那些暫時沒有數據，或者是獲取數據比較難的事實。由於擔心自己反應的事實缺乏足夠的數據支持，有些員工乾脆選擇三緘其口，這無疑為企業在第一時間獲得必要的信息增加了巨大的障礙。

在很多革命性的創新產品出現之前，能夠支持它們的數據可能少得可憐，甚至並不存在。如果在蘋果手機出現之前詢問消費者其需要什麼樣的手機，有多少人能夠勾勒出蘋果手機的樣子？過度強調數字，會扼殺革命性創新需要的

直觀洞察力和想像力。索尼公司在 1950—1982 年的 30 多年裡開創了 12 種破壞性成長業務，但是 20 世紀 80 年代以後，基本上沒有產出什麼破壞性的創新產品。為什麼呢？創新理論大師克里斯坦森（Clayton Christensen）認為，在索尼公司創始人盛田昭夫於 20 世紀 80 年代早期離開營運崗位後，雇傭了擁有工商管理碩士（MBA）學位的繼任者。繼任者使用複雜的、量化的、基於屬性的市場細分技術和市場潛力評估方法，雖然能夠為延續性產品改良找機會，但是沒有開發破壞性創新產品所需的直觀洞察力。

（4）缺乏對決策信息的系統管理。經營一個企業，必須收集哪些信息以便支持企業各個層級的決策？哪些信息是需要長期收集的？如何儲存這些信息？如何鑑別信息的質量？誰來收集和管理這些信息？誰有權限使用這些信息？

很多企業沒有系統化的決策信息管理體系，在需要做決策的時候，經常是東一榔頭、西一棒槌地臨時拼湊信息，加上時間、人員精力、企業資金等方面的限制，企業決策所用的信息無論是在數量上還是在質量上都是有問題的，這也為人為地扭曲信息提供了很大的空間。

5. 不了了之的決策

我相信所有的管理者都會有這樣的經驗：在管理會議上大家達成共識後做出的決策很多都不了了之了。為什麼呢？總結起來，大致有下列原因：

（1）忘了，真的忘了！不是故意忘掉的！這些被忘掉的決策數量絕對不少！

（2）做出的決策無關痛癢，不執行也沒關係。很多公司的管理會議，尤其是經常性的例會，探討的往往就是一些無關痛癢的問題。正如前文所述，大家往往迴避真正重大的、涉及面廣的問題，尤其是在公開場合。

（3）有些決策並不是「真正的」決策。有些人會利用管理會議的機會在老板面前展示自己的能力，提出一些建議（當然是不傷及與會者的利益的建議），大家心照不宣，隨聲附和，會後一笑了之。

（4）決策的內容比較籠統，與會者沒有就具體行動內容、期望結果、行

動時間甚至具體負責人達成共識。有意思的是，決策者的級別越高，達成籠統決策的概率越大。

（5）會上同意，會下否決。這又分以下幾種情況：

①在會議上，出於政治因素、面子等方面的考慮，大家贊同提案，但實際上並不贊同該提案。

②會議上由於信息不足，倉促做出決策，會下發現該決策有誤。

③實際情況有變化，不必要再執行該決策。

④對決策的理解有誤。

毫無疑問，不管是出於什麼原因，不了了之的決策對企業是有害的，它們不僅浪費了大家寶貴的時間，而且助長了各自為政、不執行決策的風氣，損害管理會議和管理會議召集者的權威性。「管理會議的時間太長了，應該壓縮一下」「會議太多了」……這些呼聲不就是對管理會議和會議召集者權威性的最好的註釋嗎？

6. 連續做出次優決策

人們決策時所用的決策框架是具有一定的穩定性的，不會經常變化。個人和團體的決策流程也具有「習慣性」。持續採用有問題的決策流程會使決策者經常做出次優的決策，甚至進入「決策死循環」：自己的「決策」不停地製造問題，而解決問題的「決策」再製造更多的問題！

許勝不許敗的「剛性」決策文化

每個人都有犯錯誤的時候，這似乎是每個人都認可的真理性陳述了。然而，在有些企業中，由於公司的政治環境、管理理念和風格等多方面的原因，形成了一種決策許勝不許敗的文化。一個員工決策失誤，他的上級不關心該員工在這次失誤當中學到了什麼、以後如何避免這種失誤，而是立即追究該員工的責任，採取懲罰性措施。這種做法迫使員工盡可能地少承擔風險，不獨立做決策，遇事多請示匯報，凡事請上級定奪。下屬的這種行為能夠極大地滿足上級的自尊心、安全感和優越感。雖然某些上級口頭上要求下屬「獨立思考」

「勇於承擔」等，但實際上卻欣然受之。結果是上級忙著替下級做決策，下級忙著考慮如何取悅和影響領導。企業中每個層級的決策者都在用著經過人為扭曲的信息做著與自己職位不匹配的決策。決策者的寶貴的時間和精力往往是被一些低級別的事務所占用，用在重要決策事務的時間和精力反倒不足。這種文化不可避免地使推脫責任、掩蓋錯誤、粉飾太平、相互攻擊等行為大行其道，對決策過程進行反省，從過去的失誤學習更是痴人說夢了。更可怕的是，這種文化會趕走那些能夠獨立思考，有能力、有熱情的員工，讓那些對上級唯唯諾諾、「唯上不為事」的人如魚得水，直接傷害企業的核心能力。

急待提升的決策能力

結果來自行動，行動源於決策。企業期望員工採取「正確」的行動，但是大多數企業卻忽略了指導和組織員工做正確的決策這一環節，期望通過獎勵和懲罰來「激發」正確的行動，去實現企業的目標。這種做法背後的邏輯是，只要獎勵足夠豐厚，懲罰力度足夠大，員工就能夠採取正確的行動，就能夠實現企業的目標。事實上，如果員工決策能力不足，無論獎勵多麼豐厚，員工也只能是「望獎興嘆」。正如把一個人仍到3米深的河裡，告訴他只要自己能夠上岸，就獎給他香車、美女和大把的金錢，遊不上岸的話就沉入水底喂魚吧。如果這個人不懂得游泳要領，即便是他使出渾身解數拼命撲騰，也拿不到岸上的獎品，無論香車、美女、金錢對他有多大的吸引力，都沒有用處。事與願違的是，一個不會游泳的人，在水中越是努力地亂撲騰，他溺亡的速度越快。在企業中，決策能力不足的員工為了獲得獎勵、避免懲罰而進行的「亂撲騰」對企業造成傷害可能會比他們「不撲騰」造成的傷害更大。

那麼，獎勵不夠豐厚、懲罰不夠嚴厲，員工都懶得「亂撲騰」怎麼辦？靠上級的直接指揮加督促。但是，上級的決策能力不夠強，不能夠正確指揮下屬怎麼辦？

有的企業給少數高層員工提供了決策技能的培訓。這是一個很好的開端，至少說明企業認識到了決策技能的重要性。但是這還遠遠不夠，有的企業的決

策技能培訓甚至是白白浪費了資源。這是因為：

首先，很多決策技能的培訓只是泛泛地介紹理性決策的基本思考流程和工具，沒有與企業的具體情況相結合。這些思考工具實際上變成了一個每個人都拎著的「空箱子」，箱子雖然是標準的，但是人們隨意往箱子裡面塞東西，箱子裡面的內容可能依然是良莠不齊的，不能解決實質性的問題。

例如，培訓師給高管們講解了如下決策的步驟：

第一步，現狀評估：找出問題（事項）、設定優先級、制訂下一步計劃、選定參與者。

第二步，問題分析：描述問題、找出可能的原因、評估可能的原因、確定真正的原因。

第三步，決策分析：澄清目的、評估可選方案、評估風險、做出決策。

第四步，潛在問題分析：找出執行決策方案會出現的潛在的問題，找出可能的原因，採取預防措施，制定應急預案與啟動機制。

高管們嚴格遵守這個程序就能做出好決策嗎？高管們根據什麼標準來界定「問題」和「機會」呢？根據什麼標準來確定問題的優先級呢？根據什麼標準來設定正確的，而不是錯誤的決策「目的」呢？從哪些維度來衡量備選方案的優劣呢？要收集哪些信息來做出判斷呢？培訓師無法提供這些問題的答案。實際上，在不同的內外環境、不同的行業、不同的發展階段，這些問題的正確答案是不同的。企業需要為員工提供回答這些問題遵循的基本原則，這些基本原則構成了員工決策的基礎框架。有了基礎框架的指引，結合上述培訓的思考流程和工具，員工的決策才能夠符合企業的整體利益。

目前，很多曾經在中國市場叱吒風雲、攻城略地的世界級外國企業在與中國本土企業的競爭中逐漸式微。是他們的資源不足了嗎？是他們的人員素質下降了嗎？是他們的決策人員不使用合理的決策流程和工具了嗎？原因是多方面的，但從我在外企工作和與其他外企打交道的實際經驗來看，其中很關鍵的一個原因就是環境變了，但是這些外企依然沿用原來的決策基礎框架進行決策，致使企業在競爭中逐漸失去優勢，被中國本土競爭對手趕超。

其次，決策是企業幾乎所有員工必備的基本工作技能，僅僅給少數高管做決策技能的培訓是不夠的。這個觀點在第一章已經做了詳細的說明，在此不再贅述。

　　第三，如前文所述，員工決策質量的好壞和企業的決策環境息息相關。標準的決策流程和工具可以用來做對企業有益的決策，也可用來做對企業有害的決策。企業的決策環境在很大程度上決定了員工使用這把「刀」的目的取向和效率。很多企業的決策環境妨礙員工使用所學技能做出對企業有益的決策。即便是一些「身經百戰」的高手，在一家企業可以做出很多高質量的決策，在另外一家企業可能就會「英雄無用武之地」，甚至頻出敗筆。

　　第四，培訓的內容沒有得到應用，沒有變成員工的實際技能。一個人，無論他看過多長時間的高爾夫球教學錄像，讀過多少本關於高爾夫球的書，甚至在練習場打過多少次球，如果他不下場實戰，他就不會成為一個像樣的球手。將培訓的內容變成實際的技能的唯一途徑是應用，是不斷地實踐。事實證明，指望員工在培訓之後自覺地、系統地實踐培訓內容是不現實的。一方面是因為這要求員工有很強的毅力和自律性，他要改變自己的習慣，用新的方式思考和行動；另一方面是因為這要求員工有很強的自我反省和教育的能力，要不斷地將自己的行為與培訓內容進行比照，尋找差距，逐步改善。這些對大多數員工，包括企業的高管來說都太難了。現實是，大多數培訓內容在培訓結束不久之後就被遺忘了，更別提不斷地實踐和提升了。最有效的方式是企業形成一種「訓後必用」和「實戰中教練」的機制。也就是說，培訓後員工必須按照培訓要求開展工作，並給員工提供即時反饋，幫助其比照實際行為與標準，在實際工作中邊做邊改進。

　　總之，企業員工個人的決策能力與企業整體決策能力的提升是一個涉及企業多個層面的綜合性系統工程，不是僅僅給一些高管提供一些決策技能培訓就能解決得了的。使理性決策成為企業各層級關鍵員工必用的工作技能，並建立完善的企業決策管理體系，是提升企業核心能力的必經之路。

第三章
企業決策的基本框架和標準

本書探討的企業的決策事務包含兩個類別：問題和機會。問題是指阻礙企業實現既定目標和正常營運的情況，包括對企業當前營運造成阻礙的情況（當前問題）和對企業未來營運造成阻礙的情況（潛在問題）。機會是指帶有時間性的、能夠給企業帶來益處的情況。例如，競爭對手倒閉而留下市場空間。

　　那麼：

　　用什麼標準去判斷某種情況是不是一個需要解決的問題呢？

　　用什麼標準去判斷企業的目標是否合理呢？

　　用什麼標準去判斷某項決策對企業影響範圍和程度的大小呢？

　　用什麼去判斷某個「機會」到底是不是真正的機會呢？

　　用什麼標準去判斷某個解決方案對企業的影響範圍和程度呢？

　　正是由於很多企業對上述標準沒有統一的、清楚的、合理的定義，致使企業要麼是發現不了問題，要麼是發現了問題後也是公說公有理、婆說婆有理，對問題的性質、起因、影響等各執一詞，難以達成一致意見，嚴重影響企業決策的效率和效力。因此，對決策進行管理的第一步，就是統一這些標準，為正確決策和高效地管理決策打下堅實的基礎。

　　醫生判斷一個人是否出現了問題，最基本的標準是人的正常狀態。每個醫學學派（中醫、西醫等）內部對正常狀態的人應該是什麼樣子的都有一個基本的共識，因此同一學派內的醫生在給病人診療時，判斷的標準基本是一樣的。相對於中醫，西醫的標準更明確（量化）、更詳細，診斷工具更統一，因此通用性更強，不同醫生之間做出同樣的診斷的概率更高，他們之間溝通起來更容易、更暢通，也更便於達成共識。同理，如果企業內部和外部相關各方對企業和企業管理的理解一致、對企業應該如何運行達成共識，那麼判斷企業是否存在問題就有「法」可依，對同一問題做出相同判斷的概率就會大大增加，決策的效率也會提高。

　　企業決策管理的第一步是企業內外相關方對「企業應該如何營運管理」達成共識，統一企業決策時需要參照的各種標準，形成一致的決策框架和導

向。也就是說，不管決策者從什麼角度看待某一問題，最終目的就是使企業能夠按照這些標準來營運管理。

市場上有關企業管理的論著可謂汗牛充棟，相對來說，我更傾向於把企業當做一個競爭性的、自適應的、開放性的系統來理解（見圖3-1）。

所謂競爭性，是指企業需要與競爭對手爭奪客戶和資源，以滿足生存和發展的需要。所謂自適應，是指企業可以主動對自身進行調整，以適應內部環境、外部環境和自身需求的變化。所謂開放性，是指企業需要與外界互通，從外界獲取信息和資源，通過加工和生產過程，將其轉化為附有自己價值的產品和服務，提供給客戶，換取自身生存和發展所需的資源。同時，企業本身也對外界環境造成影響。這個輸入—加工—輸出的過程也是企業的價值創造過程。

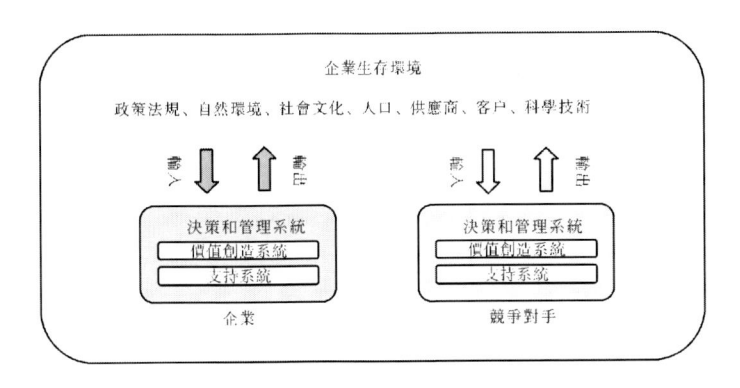

圖3-1 競爭性的、自適應的、開放的系統

企業的基本性質，競爭性、自適應和開放性，決定了企業必須滿足三個基本條件才能生存和發展。

1. 持續創造並保持競爭優勢

在比較企業的產品和競爭對手的產品之後，客戶要有足夠的理由購買企業的產品。企業的營運要比競爭對手更有效率，能夠以更少的資源完成更多的任務。

2. 獲得並完成訂單，獲得利潤

企業不僅僅要完成價值創造和交換以獲得收入，還要確保企業整體的營運費用低於獲得的收入以實現利潤。這就要求企業不斷地「開源」和「提效」：

擴大收入額，提升企業整體運轉的效率，進而擴大收入與費用之間的正向差距。

3. 適時調整自身，適應生存環境

企業必須根據內外環境的變化，及時對自己的基本設置（組織架構、流程、目標、產品等）進行調整，確保能夠適應生態環境，維持生存，並謀求更有利的位置。

那麼，企業營運管理的好壞，就是看管理者是否能夠使企業滿足這生存和發展三大基本條件。沿著這個思路，我們可以得到企業營運的標準。其可以分解為下列八大具體指標。

一、高效率的決策和管理系統

如圖3-1所示，企業內部有三個子系統：價值創造系統、支持系統以及決策和管理系統。

價值創造系統完成收到訂單到從客戶收回貨款的過程，包括生產原料採購、生產、銷售、物流、客服等職能（見圖3-2）。

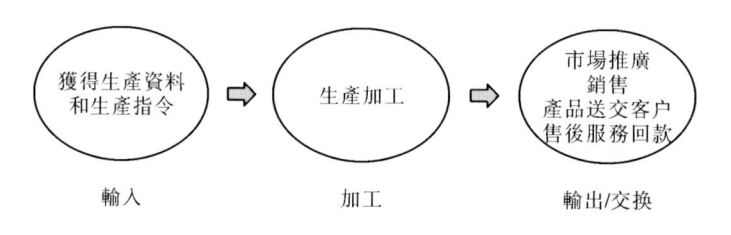

```
  ┌─────────┐      ┌─────────┐      ┌─────────┐
  │ 獲得生產資料 │ ⇒  │  生產加工  │ ⇒  │  市場推廣  │
  │  和生產指令  │      │          │      │   銷售    │
  │          │      │          │      │ 產品送交客戶 │
  │          │      │          │      │ 售後服務回款 │
  └─────────┘      └─────────┘      └─────────┘
     輸入              加工           輸出/交換
```

圖3-2　價值創造系統

支持系統為整個公司提供人事、行政、法務、信息技術和財務等方面的專業服務。

決策和管理系統負責收集各種有關企業營運的信息，督導公司相關人員對各層面事務做出正確決策並高效執行。該系統包括決策人員管理、決策事務管理、決策過程（含執行）管理和決策信息管理模塊（見圖3-3）。

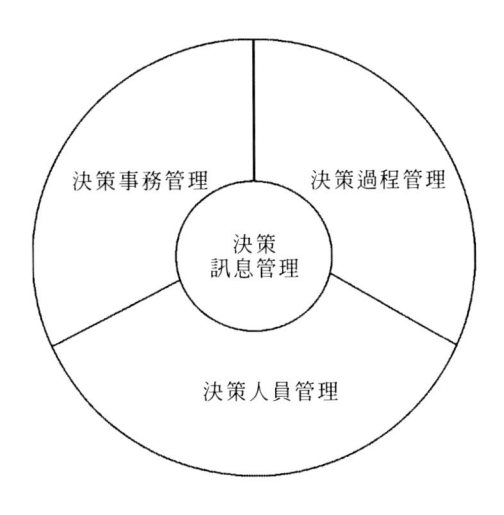

圖3-3　**決策管理系統**

決策和管理系統相當於人的大腦、感受器（眼、耳、鼻、舌、皮膚等）和神經通道的組合體。決策和管理系統運作的效能直接決定了企業的方向、配置和營運效率。一個高效運作的決策和管理系統能夠使企業做到以下幾點：

（1）以最低的成本，及時、迅速地收集到高質量的企業內外各種相關信息，並對信息進行合理地分類、儲存和傳播。

（2）及時、迅速地解讀信息，確定需要決策的事務，並且確定優先級別。

（3）及時組織合適的人員依照合理的決策流程對決策事務做出決策。

（4）組織合適的人員執行決策，並對執行過程進行適當的監督和指導。

（5）建立並維護企業各層級決策的相關制度，如決策標準、流程、信息管理和溝通機制等。企業上下有統一的決策標準和決策事務優先級判斷標準。

（6）管理各層級決策人員，包括專業水準評估、個人溝通風格評價、在過去決策行動中的表現評估、決策技能評估、分派決策任務、提升員工決策能力等。

二、合理的發展目標

目標不對，方向有誤，執行得越好，失敗得也越慘。為了實現為股東帶來

期望的經濟效益這個最終的目的，企業必須根據內部與外部的客觀條件設定合理的發展目標。除了要具體、可衡量、有明確的時間規定，企業的目標必須具備下面幾個要素：

1. 目標與企業的自身能力和資源相匹配

「看菜吃飯，量體裁衣。」企業必須根據自身能夠支配的人力、物力、財力以及擁有的技術與管理能力確定自己的戰略和發展目標。企業的目標應該按照其能力和資源中最弱的一項來確定。不現實的目標會使企業的一系列決策變形，而且會對制定和實施企業的績效考核與獎勵機制造成非常大的挑戰，並且嚴重影響員工士氣。

在人力、物力、財力、專業技術和管理能力中，最難度量的就是管理能力。企業常常高估其管理能力。很多企業在盤點其資源的時候，甚至沒有考慮到需要考量管理能力。企業管理能力的高低不是由企業內個別管理者的能力決定的，而是由企業的決策和管理系統的能力決定的。決策和管理系統是管理者、流程和管理工具的組合體。決策和管理系統的設計與運作效能，決定企業的管理水準。

2. 以為客戶提供價值、滿足客戶需求為導向

企業是通過為客戶提供滿足其需求的產品以換取客戶的金錢的。目前，絕大多數行業都是買方市場。企業必須使自己的產品在滿足客戶需求的同時，在某些方面比競爭對手有優勢，並且能夠讓客戶認識到這些優勢，這樣客戶才有足夠的購買理由。

3.「持續創造並且保持競爭優勢」是必要的組成部分

我們經常看到一些企業一直實現自己的年度目標，但最終卻以失敗告終。這些企業以內部需求或情況，甚至「拍腦袋」設定目標，如「年銷售額增長××%」「成本比去年降低×%」「利潤達到×××萬元」等。企業雖然實現了這些目標，但是競爭對手比自己做得更好，最終在競爭中失利。商場如戰場，現有的競爭對手殫精竭慮地謀求在爭奪客戶的戰爭中獲勝，同時會有新的競爭對手加入戰局，攻城略地。企業如果希望長期生存，比自己過去做得好是不夠的，

必須比競爭對手做得更好才能夠成功。在不斷變化的競爭態勢中，企業必須不斷地創造並且鞏固自己的競爭優勢，這不僅包括有競爭性的產品和服務，還包括企業內部營運的優勢。例如，比競爭對手生產效率更高、成本更低、對市場變化反應更快、決策更正確、決策失誤更少、客戶關係更好等。

4. 平衡長期目標、中期目標與短期收益

大廈是一磚一瓦建起來的，珠穆朗瑪峰是要一步一步攀登上去的。沒有明確的中期目標、長期目標，企業日常營運會失去方向，在短期收益誘惑下搖擺不定，今日向東，明日向西，浪費寶貴的資源和時間。企業的短期目標應該是實現中期、長期目標的里程碑，方向上與中期目標、長期目標一致，資源分配上平衡短期目標與中期目標、長期目標的需要。

三、合適的生存空間

企業合適的生存空間要符合下面的標準：

1. 企業的目標市場要足夠大

最理想的市場是企業只需要佔有很小的份額就能夠滿足自己的生存需求，並且能夠實現財務回報目標的市場。這個市場最好處於增長狀態，而不是穩定狀態，更不是處於萎縮階段。如果是容量較小的利基市場，企業需要能夠獲得較大的市場份額。

2. 目標客戶有明確的待滿足需求

最理想的需求是明確的、穩定的、使用頻率高的、用量大的、單價高的剛性需求。當然，符合這些條件的市場需求是極少的。目標市場少符合這些標準中的一條，其吸引力就降低一些，企業經營的挑戰就增大一些。

3. 市場內沒有強大到足以「控制」客戶和關鍵資源提供方任何一方的競爭對手

這裡的「控制」是指競爭對手可以有足夠強的能力在較長時期內「鎖定」客戶或關鍵資源提供方，以達到擊垮其他企業的目的。

4. 有合適的、足夠的資源供應商

供應商數量越多，公司的議價能力就越強，資源供應的安全性就越高。同一資源，至少要有兩家以上供應商，並且任意一家都可滿足企業在品質、數量、價格、交貨期和靈活度等方面的需求。

5. 在獲得既定的財務回報之前，市場上不會出現革命性的替代產品

手機「革」掉尋呼機的命，智能手機「掃除」傳統手機……這一輪輪的迭代更新是無法抵抗的。企業需要躲開這些「革命者」，盡可能在新技術、新產品完全替代本公司的產品之前收回投資並獲得相應的回報，至少要及時止損，盡早停止對老產品的投入。

四、合適的產品

「合適」的判斷標準如下：

（1）產品和與之配套的服務能夠滿足客戶需求。

（2）與競爭對手相比，有一定的競爭優勢。

（3）企業能夠以至少和競爭對手同樣的成本與速度製造該產品，提供必需的服務。

五、合理的組織設計

如果一臺賽車結構設計不合理，發動機產生的動能被汽車自己的組件消耗，甚至是不能讓燃料充分燃燒，那麼不管車手的技術多麼高超，他也不可能獲得好成績。同理，如果一個公司組織設計不合理，公司中的個人無論多有能力、工作多努力，也無法與這個有缺陷的體系抗衡，除非他能夠改變這個系統。

合理的組織設計包括合適的組織架構、工作流程和崗位設計與配置。

● 組織架構

組織架構設置的出發點有兩個：一是組織架構有利於企業高效完成價值創造過程，二是組織架構有利於企業高效地應對外界的挑戰和不確定性。合理的組織架構應該符合下列標準：

1. 縱橫結合，橫為主，縱為輔

「縱」指的是像財務、採購、人事、生產製造、法務、市場、銷售、物流這樣的專業部門。隨著現代商務的發展、法律法規的日益健全、科學技術的進步以及競爭的加劇和企業規模的擴大，專業分工越來越細，每個領域都變得越來越複雜，對各個領域從業者的專業程度要求也越來越高。縱向劃分組織的目的，就是集中專業人才和其他資源，加強每個領域的專業程度，使每個領域實現專業規模效應，便於應用統一的部門績效考核，有利於內部溝通、協調和管理。

「橫」指的是整合各專業部門力量的組織形式。企業的任何一個專業部門都不能獨立使企業持續創造並保持競爭優勢、獲得並完成訂單、創造利潤，也不能完成優化企業自身的任務。專業化分工的目的是為了將各專業部門整合後，增強企業的整體實力和提高企業的效率，滿足企業生存和發展的基本條件。換言之，企業的各個專業部門都屬於企業橫向組織的一個部分或提供專業能力的支持部門。企業橫向組織的能力在很大程度上決定了企業的整體營運水準，決定了企業在競爭中的勝算如何。

很多企業在 CEO 之外，沒有固定的橫向組織形式。作為唯一的多個專業部門的整合者，CEO 的體力、智力、時間、知識、自我管理和提升的能力都面臨著巨大的挑戰。人不是神，雖然有些超級 CEO 能夠在一定的時間內勝任橫向整合者的任務，但長時間來看，這樣的 CEO 遲早會成為企業發展的瓶頸。

很多企業採用跨部門工作小組的形式完成一些跨部門的任務。這些小組都是臨時性的，任務結束後小組解散，成員回到各自的專業部門。小組成員並不對工作小組的工作成果承擔責任，他們的績效考核仍由原部門負責人完成。實踐證明，這樣的跨部門小組的成功率是不高的，尤其是在完成涉及企業基礎層的任務上。

2. 部門設置有利於其高效地做出和執行決策

其具體要求如下：

（1）組織內部門所需處理的事務不超出該部門決策者的能力。

（2）盡可能由掌握第一手信息的人做決策，層級越少越好。

（3）為完成部門工作任務所需的協調工作盡可能都在部門內部完成，使其對外部的依賴和協調工作最小化。

（4）部門之間界限清楚，沒有重疊和冗餘。

（5）每個部門的績效可以用統一的指標考量。

3. 最高效地利用企業內部和外部資源

其具體要求如下：

（1）組織內各部門盡可能分享資源。

（2）盡可能集中管理資源，享受規模效益。

（3）充分利用企業外部優質資源，做到企業內外資源充分互補。

企業不應該把「組織」的概念局限在本企業全職員工的範圍內。企業組織設計的最終目標是以最低的成本，在合適的時間按照要求的質量完成既定任務。自由職業者、臨時工、合作夥伴和外包供應商等都是能夠幫助企業完成任務的資源。企業需要把這些資源和自有全職員工結合起來，將任務交給最適合的人（組織）去完成，同時建立相應的組織架構和協調、管理機制。也就是說，企業的架構可以是由內部工作者和外部工作者組成的聯合體。本書第九章會更詳細地探討這個話題。

4. 組織架構與組織所需完成任務相匹配

企業要根據組織需要完成的任務的複雜程度、結果可預見性、多樣性和可分解性來建構組織。例如，如果任務比較複雜難懂，而且很難判斷行動的結果，那麼就需要工作人員頻繁地面對面溝通，因此該部門要專業化，而且人員數量不宜過多。如果組織需要完成多個任務，而且各個任務相關性比較小，那麼就可以按任務設置不同的部門。如果任務可以分解為結果容易衡量的多個子任務，那麼就可以考慮將任務拆分後分派給不同的團隊，甚至是外包出去以達到最佳效果。

5. 組織架構能夠與外界環境狀況相匹配

企業需要考慮外界環境的穩定性、複雜程度、市場的多樣性以及外界環境

對企業的威脅程度來設計組織架構。外界環境越是動盪，不確定性越高，企業的組織架構就越需要靈活。如果企業需要面對不同的環境，像在不同的國家經營，那麼企業需要考慮分權，將權利下放到企業在各個國家的分支機構。如果外界環境對企業的威脅很大，需要企業作為一個整體快速反應，那麼總部集權就有必要。

6. 每種組織架構都有其缺點，企業要對這些缺點有清楚的認識並且主動採取合理措施彌補這些缺點

以財務、人事、生產、研發和銷售等職能劃分部門的「職能型」企業往往會使各部門各自為政，將企業價值創造過程割裂開來，使企業不能夠對價值創造過程進行整體的協調，同時也很難客觀地將各個部門表現與企業整體績效掛勾。按客戶、產品或地理區域構建業務單元，這些單元共享人事、財務等資源的「市場型」企業往往會抱怨人事、財務、法務等部門支持力度不夠，反應不夠迅速，服務不夠「個性化」。如果每個業務單元自己建立這些支持性部門，又會出現資源浪費的現象。矩陣式等其他類型的組織架構同樣也有各自的缺點。

企業需要明確組織架構的優點和缺點，並且主動採取措施彌補這些缺點，這些措施包括跨部門的常務委員會、專門工作組、整合部門（如流程管理部）和非正式溝通機制等。

需要強調的是，無論採取哪種架構，企業都需要保證決策和管理系統、價值創造系統、支持系統三大系統的主次關係。企業的核心是價值創造系統。企業應該根據其獲得競爭優勢、為客戶創造價值和獲得利潤的目標設計其價值創造系統，然後根據價值創造系統的需求設計、營運支持系統，並為其配備資源。決策和管理系統的職責是確保企業整體的高效營運，是企業的最基礎的系統。

● 工作流程

無論企業有多少個部門和層級，企業的產品和服務最終是由工作者按照一定的工作流程實現的。因此，企業及其各個功能系統高效運作的根本是高效率

的工作流程（見圖3-4）和個人。

部門一　　部門二　　部門三

層級一

層級二

層級三

工作流程

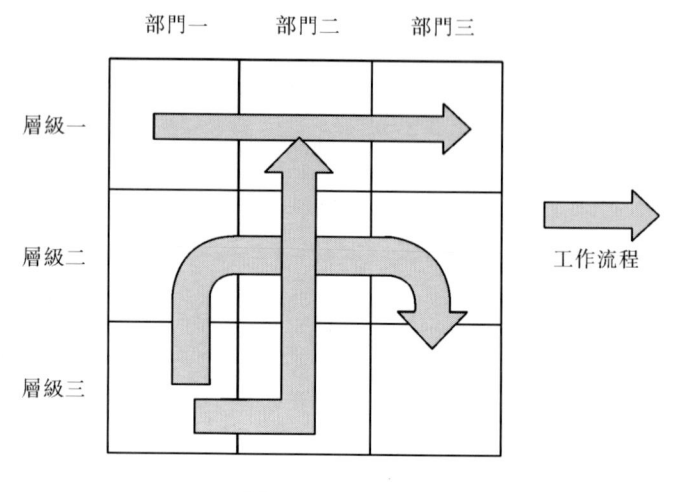

圖3-4　工作流程

生產一個產品的各個作業環節的集合為一個工作流程，從生產這個產品的第一個要素輸入開始，到產品被送達其接收方為止。企業內部可以定義很多不同的流程。一個大的流程內可以包含若干低級別的流程。企業最高級別的流程應該是企業的價值創造流程。價值創造以外的流程，包括管理流程，都屬於支持性流程。

從本質上來說，每個完整的工作流程都可以被當做一個價值創造系統，只是他們的客戶不同，生產的產品不同。每個價值創造系統，不論大小，都包括「輸入」「生產加工」「輸出/交換」三大環節（見圖3-5）。

輸入　➡　生產加工　➡　輸出/交換

圖3-5　工作流程

高效的流程需要滿足下列條件：

（1）高質量的輸入。輸入的內容可以分為下面幾類：

①工作指令，包括清晰的開工時間、產品提交時間、質量標準、預算等。

②工作資源，包括合格的工具、原材料、人力資源、設備、資金、信息、

工作方法和技術等。

③結果反饋，即對階段性的成果及最終產品的反饋。

④溝通規則，即明確規定哪些信息必須通過什麼手段、在什麼時候、如何與各相關方溝通。例如，如果在工作過程中出現異常（完成進度、消耗資源、產品品質等與計劃出現偏差），如何向相關單位反饋。

（2）工作流程的各個環節能夠緊密銜接，不出現斷點。流程中的一個環節接到上一環節傳遞來的工作成果後，能夠按照規定的時間和標準開始本環節的工作。流程出現斷點，往往是因為下列情況，應該避免：

①沒有明確規定各個環節銜接的時間標準。

②上一環節的工作結果不符合下一環節的開工標準。

③上下環節溝通有誤。

④沒必要的管控、審批過程打斷流程。

⑤上一環節出現異常，沒有及時通知下一環節。

⑥交接環節職責不清。

（3）整個工作環節路徑最短，沒有冗餘步驟。

（4）各個環節能力平衡，沒有瓶頸環節，也沒有冗餘能力。毋庸置疑，瓶頸環節會拖累整個流程，而冗餘能力也可能會造成流程的負擔，不僅僅因為其造成資源浪費，還因為企業可能需要花費額外的精力去管理這些冗餘能力，甚至這些冗餘能力本身會製造麻煩。比如說，某車間本應該使用5個人，但實際配備了8個人，這多餘的3個人力不僅會增加企業的成本，同時也拉低了該車間的平均獎金，影響了車間員工整體的積極性。另外，這多餘的3個人的能量會尋找「釋放」的機會，既然無法在正常的工作中發揮自己的能量，他們會尋找其他渠道，製造不必要的麻煩，增加管理難度。

（5）盡可能使多個流程甚至同一流程的不同環節能夠並行工作。這也就是說多個環節的工作能夠同時進行，最後將結果進行銜接。

（6）持續、穩定的工作流。工作量時大時小，不僅會給各環節的資源配置帶來挑戰，也會存在不規律的啟動、停止的操作，帶來浪費和管理難度。

流程管理可能是最自然、最有效的跨部門橫向整合和優化的手段之一。即便是一個人工作，如果他有流程管理和優化的意識，也會提高自己的工作效率，避免沒必要的浪費。對工作流程缺乏有效的管理是很多企業營運效率低下、資源浪費嚴重的重要原因。企業有必要設立獨立於其他專業部門之外的流程管理部門，強化對工作流程的管理。

流程管理包含三個主要內容：流程設計、流程績效考核和流程優化。設計工作流程是非常重要的基礎層工作，企業的最高層應該主導並參與工作流程的設計。企業應該為每個流程及其環節設定績效指標，如產出的數量、質量、時效、資源消耗量以及和上下游銜接的規範等。企業需要為每個重要流程指定專門的負責人，其職責就是跟蹤流程的運作情況，發現問題，解決問題，確保流程能夠按要求實現目標。流程負責人的績效主要由其負責的流程的達標情況決定。

流程中的每個環節的負責人都有義務上報自己的上游、下游環節不能夠按照規定交接工作成果的情況。這些上報的問題是考核各個相關工作崗位的重要數據之一。是否能夠及時準確地反應上游、下游環節出現的問題，也是考核各個工作崗位績效的重要指標之一。這種各個環節相互監督的機制，能夠給企業管理層提供非常寶貴的第一手資料，使企業管理層及時發現問題、解決問題，並且可以盡早預防問題崗位下游環節可能出現的問題。除了流程指標以外，各工作崗位可能還有其所屬部門設定的其他績效指標。該崗位最終績效由專業部門和流程部門的評價綜合而成。

流程的優化主要集中於兩個方面：一是流程的各個環節（工作崗位）能力和效率的提升，如產出量增大、質量提升、能耗減少和速度加快等。二是流程環節之間的優化，如環節的增減、工作順序的調整、環節之間接口的調整、環節之間產出的平衡等。原則上來說，流程管理部門負責流程環節之間的優化，並找出流程中需要提升能力的環節（工作崗位），由專業部門負責改進。

●崗位設計與配置

每個工作崗位執行具體的工作，使整個流程運行起來。工作崗位設計的好

壞直接影響流程運作的效率。合理的崗位設計應該滿足下列要求：

（1）崗位的職責是實現工作流程不可或缺的，並且不與其他崗位的職責發生重疊。

（2）完成崗位職責所需要的技能、工具、設備等易於獲得。

（3）崗位個人工作量易於衡量，並且適當。所謂適當，是指工作量能夠讓合格的工作人員在工作時間內處於忙碌狀態，但是又沒對人的體能和精神造成過大的壓力；同時，工作量也符合基本的社會標準。

（4）崗位與其他環節的接口的數量盡可能少，而且與同一環節的接口是唯一的。

（5）崗位完成工作所需的投入要素和崗位工作結果易於衡量。

（6）崗位的工作步驟順序合理，而且符合路徑最短、用時最少的高效原則。

（7）崗位的物理環境符合安全標準，並且在工作性質允許的情況下盡可能讓人感覺舒適。

為了確保每個工作崗位的員工能夠高效執行分內的工作，每個崗位需具備下列基本配置：

（1）足夠的、高質量的輸入。崗位配備完成工作必須的合格的原材料、工具、工作指令、績效標準、績效反饋和其他信息。

（2）充足的授權。執行者具備足夠的權利以調動相應的資源完成本職工作。

（3）合格的執行者。執行者需要擁有完成本職工作必需的專業知識和技能，並且對工作持有合適的態度。他願意按規定完成任務，最理想的是他對工作內容有濃厚的興趣甚至是激情。執行者還必須具備完成本職工作所需的基本素質，如身體條件、人際溝通能力、情緒控制能力等。另外，執行者必須具備該崗位所需要的決策分析能力。任何崗位都需要做決策。企業必須根據每個崗位的責任範圍和特點設定決策規則，並且為員工提供相應的決策知識培訓。最後，崗位能夠發揮該執行者的特長，符合其個人特質。

六、合適的績效管理制度

不同性質、不同發展階段、處於不同境況的企業績效管理制度是不同的。一個以一線生產工人為主的製造企業和一個諮詢公司肯定需要採用不同的績效管理制度；一個初創的，以創始人為主的企業和一個成熟的，以雇員為主的企業的績效管理制度也會有很大的不同。每種績效管理制度都有其強調的重點，每種制度也會有其不足之處。沒有所謂通用的、完美的績效管理制度。因此，下面列舉的是一般性的企業的績效管理制度應該包含的內容和應該遵循的原則。

1. 團隊和個人績效目標

績效目標是在設定期限內團隊和個人需要實現的業績目標。合理的績效目標除了要明確、可衡量之外，還需滿足下列條件：

（1）個人目標、團隊目標和企業目標具有合理的關聯性。團隊目標是企業整體目標的分解，個人目標是其所屬團隊目標的分解。換句話說，個人實現了各自的目標，則團隊就能實現其目標；各團隊實現了目標，那麼企業就能實現其目標（見圖3-6）。

同時，由於企業各部門之間的績效是相互影響的，因此各個部門的績效目標也應該是相互關聯的。例如，一個企業設定了企業年度銷售額增長30%的目標。除了責無旁貸的銷售部以外，其他團隊的目標與此有關聯嗎？市場行銷團隊能為這30%的增長貢獻多少？生產車間除了增加產量，還能做哪些事情幫助企業增加銷售額？人力資源部門、物流部門、採購部門的績效指標如何設定，以保證其能夠為這30%的增長做出相應的貢獻？銷售部需要人力資源部門採取哪些措施，實現什麼樣的目標以保障銷售部有足夠的、合格的人員在前線衝殺？物流部門需要銷售部在哪些方面配合，以實現自己的目標呢？銷售部是不是要把滿足物流部門的需要包含進自己的目標呢？同理，其他各個部門之間的績效目標是否也需要彼此協調？

企業不僅需要明確各個部門的行動對實現企業目標的影響，同時，企業所

图 3-6　绩效目标之间的关系

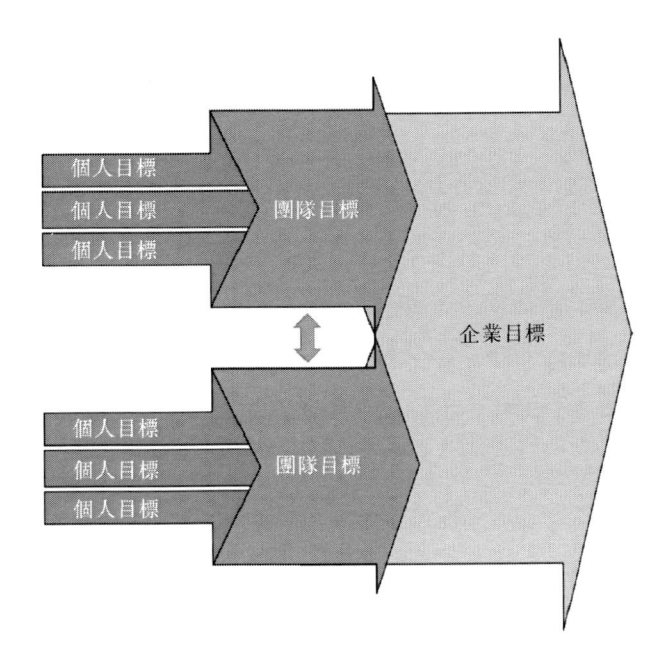

有的部门之间都需要进行开诚布公并且即时的沟通和合作，以便随着情况的变化及时调整各自的目标。这对各部门之间壁垒森严、各自为政的企业来说，是一个巨大的挑战。

（2）团队和个人绩效目标相互平衡协调，团队和个人实现各自目标不会对企业整体利益造成损害。企业部分效益的最大化并不意味著企业整体利益的最大化。如果不加以协调，企业中个人或团队实现各自目标的努力甚至会损害企业整体的利益。生产部门为了实现节省成本的目标，致使产品质量下降，造成销售部门无法卖出产品；法务部门为了规避法律风险，降低人员成本，要求公司各个部门都严格按照公司的合同模板签署合同，不能改变，致使合同谈判时间大大延长，甚至使有的部门丢掉了业务；采购部门为了降低采购费用，频繁更换原料供应商，致使生产部门不断对机器进行重新配置，不仅降低了生产效率，而且增加了废品率……企业在设定个人和团体绩效目标的时候，需要从企业整体收益最大化的角度，而不是企业部分效益最大化的角度出发，避免上述的部门或个人实现了目标，却对企业整体利益造成损害的现象。

（3）個人和團隊績效目標與企業實現生存和發展的基本條件直接掛鈎。個人與團隊的績效目標要盡可能與基本條件直接掛鈎，也就是能夠直接體現個人與團隊績效目標實現後對基本條件的影響。

A 公司有 100 人，2018 年銷售額比 2017 年增長了 25%，達到了 5,000 萬元，超額完成了預定的 20% 的增長目標。公司上下都很高興。但是，他們不知道，競爭對手 B 公司有 80 人，2018 年的銷售額也是 5,000 萬元，人均銷售額比 A 公司高了 25%。可怕的是，不僅人均銷售額比 A 公司高，B 公司的年人均資源消耗（年內企業投入的所有資源/企業總人數）也比 A 公司低，因此 B 公司無論是總利潤還是人均利潤都比 A 公司高一大截。即使 A 公司短期內是賺錢的，但是 A 公司極有可能很快會被 B 公司徹底打垮，因為相對來說，B 公司有更多的資源投入到競爭中去，而且 B 公司的資源利用效率要比 A 公司高得多。

A 公司的營運效率低於 B 公司的原因可能是多方面的，可能有產品的問題、某些部門營運效率低下的問題、企業整體管理體制的問題，或是兼而有之。如果想在殘酷的競爭中獲得一席生存之地，A 公司就不能夠再僅僅以自己過去的業績作為設定績效目標的基礎了，而是要與 B 公司等競爭對手對標，從企業整體的營運效率、產品到各個部門的工作效率逐一進行比較，設定各個團隊及個人的績效目標，目的是督促團隊和個人能夠比競爭對手以更少的資源消耗，為客戶和公司創造更多的價值。

這些績效目標一般都是相對的（與競爭對手比較），如「在 2019 年度，獲得比 ×× 競爭對手多 10% 的市場份額」「在 2019 年度，生產效率（人均產量）超過 ×× 競爭對手」。同時，這些目標也是動態的，因為競爭對手的情況在不斷地變化。這要求企業員工自始至終毫無保留地發揮自己的能力，否則稍有鬆懈，就可能被競爭對手甩得更遠。

即便是暫時打敗了競爭對手，企業也需要設定目標，鼓勵團隊和個人在過去業績的基礎之上持續地改進不足之處，不斷地提升工作效率和質量。相對於固定的目標（如「單位生產成本比去年降低 20%」），動態競爭性目標（如

「單位生產成本降低幅度進入全廠10個車間前3名」）更容易充分發揮員工的潛力。

有必要再次強調的是，團隊和個人的績效指標需要相互平衡與協調。例如，生產部門生產效率大大提高，但是銷售部門的銷售額沒有相應增加的話，就會使得產品庫存增加，造成不必要的損失。從流程的角度來看，企業整體效率的提升主要是從抓「瓶頸」和「龍頭」開始。「瓶頸」是所有環節中最弱的一環，其限制整個流程的效率和產出，消除瓶頸，使各個環節工作流程平衡順暢，整個流程效率會大大提升。對於各個環節相互平衡的流程，則需要先提升「龍頭」環節的效率，由此帶動各個環節效率的提升。「龍頭」環節是指決定該流程的「產品」能否被客戶接受的最重要的環節。例如，在供大於求的市場上，銷售量決定了產出，而決定銷售量的可能是銷售、產品質量、市場推廣等環節，因此這些環節就是龍頭環節；在供小於求的市場上，產能決定了銷售量，因此生產環節就成為龍頭環節。

採用動態競爭性績效指標時，企業往往很難預知最終績效結果如何，相對來說，採用固定額度指標容易預測最終結果。企業需要根據具體情況，選擇合適類型的績效目標。

2. 行動計劃

團隊與個人需要制訂實現各自業績目標的行動計劃。計劃需要明確具體的行動、行動結果、起止時間、行動負責人、參與人以及所需的其他資源等。行動計劃應該由行動的執行者主導制訂。

行動計劃是企業分配資源和協調各個部門（人員）行動的非常重要的依據，因此行動計劃的詳細程度、可行性以及計劃履行程度對資源分配和各環節相互協調的質量與效率影響很大。企業需要設定針對行動計劃的規定和考核指標。

3. 資源配給

資源配給主要是以團隊和個人的行動計劃為基礎，同時參考競爭對手、同事、行業標準以及公司歷史數據等信息確定。

4. 績效管控（管理、控制）指標

績效管理系統的核心重點是幫助團隊和個人實現其目標，盡早發現和解決問題，而不是等到績效考核期結束後對團隊和個人的績效結果進行匯總與評價。如果在績效考核期結束後才知道某些團隊和個人不能夠實現其績效目標，企業只能被動地接受這些結果而無力回天。企業不僅浪費了資源，而且喪失了寶貴的時間。因此，企業需要設立一些指標，追蹤團隊和個人在實現其績效目標過程中的表現，進而採取適當的管理和控制措施，及時發現問題、解決問題，同時協調各個團隊的行動，確保個別團隊或個人的問題對企業整體造成的危害最小化。這些指標就是績效管控（管理、控制）指標。

員工的日常工作可以分為兩類：重複性例行工作和項目類工作。對於例行工作，企業應該為其設定相對固定的工作流程，明確規定各個工作環節的起止時間、銜接方式、工作成果、負責人等。對這類工作管控的重點就是各個環節按流程規定完成各自任務的情況。一項工作任務一旦啟動，整個流程的各個環節的負責人都能夠知道按照規定，上一個環節應該在什麼時候以什麼標準向自己的環節提交工作成果，本環節應該在何時向下一環節提交規定的工作成果。管理人員應當守住的底線是必須對任何環節的不合規情況及時處理，避免問題層層傳遞，將其負面影響擴大化。因此，各個環節要在第一時間向相關人員報告本環節和上游環節不能夠按照規定提交工作成果的情況，以便相關方採取適當的應對措施。違規率和違規上報及時率可以作為這類工作的主要管控指標。

對於項目類工作，管控指標可以分為如下幾類：

● 基本管理機制

基本管理機制主要包括項目組決策機制和獎懲機制。項目組需要有明確的、合理的就項目涉及的各種事務進行商議和決策的方法與流程。同時，項目組要明確如何對項目組成員在項目過程中的表現進行評估、獎勵和懲罰。員工在項目組中的表現應該與其薪資和職位的調整掛勾。在很多公司中，員工在項目組中的表現與其績效考核不相關，因此員工覺得項目組工作對其來說是一種額外負擔，其工作質量和效率會大打折扣。

● 投入指標

「種瓜得瓜，種豆得豆。」沒有適當的投入，不可能有相應的產出。企業需要明確在項目中投入的資金、設備和人員等資源的下限與上限。設定下限，是為了保障項目能夠順利進行；設定上限，是為了保證項目能夠得到其預期的回報，也就是投入產出比。在所有的資源中，最容易被忽略的是項目組成員有效的時間和精力的投入。能被選入特殊項目組的員工往往是公司某個領域的關鍵人物，他們同時承擔多項任務。對某項目投入時間過少，會影響他們對該項目的貢獻；對某項目投入時間過多，會影響他們的其他工作，有可能得不償失。因此，將項目組成員的時間「貨幣化」，也就是為其設定一個單位價值，如×××元/小時，同時為不同的項目設定優先級別，有助於企業分配這些員工的時間。項目管理者在項目開始之前，需要與每個項目組成員溝通，根據他們手頭的工作量明確其在該項目中投入的最佳時間。

● 過程指標

項目管理者需要將項目分成若干個階段性子項目。每個子項目需要有明確的時間表、分配的資源（上、下限）、負責人和可衡量的工作成果。每個子項目又可以按同理逐級細分，直到具體的個人工作。項目組成員實際完成的工作與計劃之間的不同是關注的重點。如果項目組成員不能夠按照計劃完成預定的階段性工作，相關管理人員需要及時介入，查找原因，評估其對整個項目的影響並採取補救措施。

● 產出指標和影響指標

產出指標對項目的最終「產品」的特徵、規格等做出明確的說明。影響指標闡明項目的最終「產品」能夠為企業帶來什麼樣的影響。這兩個指標在項目實施過程中是指路的明燈，明確項目組努力的方向，同時也用來檢驗項目組的工作成果。

● 項目基礎變動因素

促使企業設立項目的因素（內部和外部的情況以及對未來的假設等）、企業實施項目的能力和資源是一個項目存在的基礎。如果這些基礎要素發生變

化，或者與預期的不同，那麼項目的範圍、目標、資源預算等就要發生變化，企業甚至需要取消項目。堅持一個錯誤的項目比什麼都不做危害要大得多。企業需要在項目開始之前就明確項目存在的基礎要素，並及時追蹤其變化，以便及時做出調整。

上述指標都是就工作任務本身設定的管控指標。執行任務的主體是人。除了人的工作技能以外，個人意願、心態、對任務的理解、與任務的匹配度等都會影響其工作任務的執行情況。很多企業用員工滿意度調查結果與離職率作為人力資源管理指標。這兩項指標都是滯後指標，對於檢驗一段時間內的人員管理措施有一定的作用，但是對於提升任務成功率來說是沒有什麼作用的。員工滿意度調查容易受問卷設計、員工回答問卷時的心境的影響，其結果往往不能反應現實。員工滿意度調查的內容往往比較宏觀、籠統，對企業各團隊的負責人管理他們特定的團隊的指導意義很小，再加上調查的頻率不是很高，其實際的效用是很有限的。

企業需要設定一些前置性的人員管控指標，為前線管理人員提供指導，同時提升任務的成功率。例如：

●工作要求理解度

員工對其工作任務和要求理解的全面性、正確性如何？

員工和他的直接上司對該員工的工作要求的理解是否一致？

●資源匹配度

員工是否有足夠的資源完成其工作任務？

員工是否認可其有足夠的資源完成其工作任務？

●員工特質與工作任務匹配度

在這裡，員工特質指的是員工的素質和特點，包括其知識、技能、意願（興趣）、天性、分心程度（個人事務分散其對工作的注意力的程度）和對工作在其生活中的定位等。每項工作任務對員工特質都有一定的要求。員工特質與工作任務匹配度越高，員工成功完成任務的概率就越大。

（1）知識。知識是指人們知道的東西。知識主要分為兩類：一類是事實

性的信息，如2008年發生了經濟危機；另一類是人們學習和在實踐中總結出來結論，也就是對各種事物及其之間關係的理解和判斷，如在競爭中獲勝的方法、人際溝通的原則等。

（2）技能。技能指的是完成特定工作的肢體動作方式和智力活動方式，如操控車床和計算機、使用某些軟件等。

（3）天性。天性是指人們先天具有的一些內在屬性、外界很難改變的思維和行為模式。一個人的天性可以從很多方面去描述，而且它們往往是相互關聯的。以下列舉一些和企業工作相關度較大的個人特徵：

①意義和價值點，即使人們覺得自己有價值、有意義，能夠得到滿足和成就感的事物與行為。有的人喜歡在競爭中拼搏的刺激（競爭性）；有的人從服務他人、得到別人的認可中感覺到自己存在的意義（服務傾向）；有的人不斷為自己設定新的目標，在不斷自我突破中得到滿足（自我成就）；有的人在開發別人的潛力和引導別人進步中獲得價值感（開發者傾向）。

②行動意願，即將想法付諸行動的驅動力。

③學習能力，即接收、領會新知識的能力。學習能力是有領域差別的，人們在某些領域展現出很強的學習能力，在其他領域可能就舉步維艱。

④遠見，即從未來、大局的角度對當前事務做出判斷的能力。

⑤注意力。注意力有深度和廣度兩個維度。注意力深度是指持續將注意力集中在特定事務上的能力，注意力廣度是指觀察的範圍的大小。

⑥自律性，即約束自己按照自己設定的規則行事的能力。

⑦毅力，即忍受挫折和苦痛，持續付出努力，直至將某項任務完成的能力。

⑧敏感度，即對數字、文字、圖像、溫度、色彩等信息和刺激的敏感程度。

⑨洞察與總結能力，即迅速找出事物中的關聯、模式、規律的能力。

⑩創造力，即產生新思想，發現和創造新事物的能力。

⑪邏輯分析能力，即按照合理的思考步驟對事物進行觀察、比較、分析、

綜合、抽象、概括、判斷、推理的能力。

⑫同理心，即換位思考，設身處地對他人的情緒和情感的覺知、把握與理解的能力。

⑬人際交往傾向，即是否樂於與他人交往。

⑭勇氣，即克服恐懼，面對危險、痛苦和敵意的能力。

⑮風險傾向，即是否喜歡承擔風險及對風險的承受程度。

⑯團隊合作傾向，即樂於與團隊合作去完成任務還是更喜歡獨自完成任務。

⑰領導傾向，即是喜歡承擔領導別人的挑戰，還是更傾向於以團隊成員的身分接受別人的指令。

⑱表達能力，即根據不同對象的特點，將溝通的內容表達清楚的能力。

⑲自我開放性，即在與他人交往的過程中，展示、表達個人特徵、觀點的意願。

⑳自知能力，即持續反省，按照既定標準，對自己的行為、思想進行評價的能力。

知識和技能是可以相互傳遞的，而天性則無法後天習得。在安排工作的時候，最理想的情況是使人的天性能夠符合工作任務的要求，使人在工作中發揮自己的天性，而不是抑制自己的天性。在《首先，打破一切常規》(*First, Break All The Rules*)一書中，馬科斯・柏克海姆（Marcus Barkingham）和科特・考夫曼（Curt Coffman）對知識、技能與天賦做了非常有見地的論述。本書也借鑑了一些該書的內容，有興趣的讀者可以參考。

（4）意願。員工是否有足夠的動力保質保量地完成任務？出於績效考核、個人心態、人際關係等原因，員工可能並不是願意承擔某些工作，或者是沒有動力將任務完成好。

（5）分心程度。員工是否受個人事務干擾，無法將注意力集中在工作任務上？

（6）工作定位。工作在員工的生活中處於什麼地位？是不得不做，解決

生存問題的提款機？是充分發揮自己天賦和特長，帶來自我實現、成就感和價值感的平臺？是給自己其他業務帶來資源的「窗口」？是通向自己理想職位的跳板……工作在員工生活中的定位不同，員工對待工作的態度及其在工作中的表現也就不同。

（7）身體狀況。員工的身體狀況是否能夠適應當前工作？

●員工與團隊成員之間彼此的認可度和契合度

員工是否認可本團隊人員的工作能力和態度？員工的知識和技能是否與其他成員的知識和技能做到相互補充？具有不同天性的員工在任務團隊中是否能夠合得來？

●員工直接領導對員工的認可與關注度

員工直接領導需要對員工保持適當但持續的關注，與其保持坦誠的溝通，及時認可其工作成績，提供反饋，並關心其個人成長。對於員工來說，他的頂頭上司在很大程度上就是「公司」。蓋洛普用了25年的時間，調查了100多萬名企業員工，得到的一個重要發現就是，影響員工離職率最大的因素就是員工的直接經理——「人們離開的是他們的經理，而不是公司」。經理能否讓員工從事最能發揮其長項的工作，能否及時認可員工的表現，並關心員工個人成長是員工非常在意的因素。

●成長與發展機會

員工是否認為其在公司中有可預期的發展和成長機會？其當前工作是否能夠幫助其成長與發展？

●參與度

員工是否有合適的渠道就公司事務，尤其是與本職工作相關事務無所顧慮地發表自己的看法？其看法是否能夠得到應有的重視？員工是否有足夠的權限決定自己的工作計劃，掌控自己的行動？

管理者需要有體系、有目的地持續觀察和接觸員工，以便收集上述指標的相關信息，並做出判斷。為了減少管理者個人的偏見，企業需要安排多人（至少兩人）對一名員工做出多方面評價。每個評價者需要直接接觸員工，獲

得第一手信息。

沒有任何管理方法和工具能夠代替人與人之間的交流和人的判斷，尤其是在識人、用人和培養人方面。很多管理學者，尤其是有深厚的統計學功底的學者一直試圖尋找一些通用的、純「客觀」的人力資源方面的管理指標，在我看來，這可能走錯了方向。其原因有二：一是人是由綜合起來最複雜、最先進的「計算機」——人腦控制的，目前來看，最有資格對人做出判斷的也依然是人腦，尤其是在體會人類情感方面。人類對很多極為複雜的事物做出的瞬間的「主觀」判斷極有可能是在當時情況下最客觀的。由於人類還沒有合適的、「客觀」的工具對這些快速判斷進行還原和逐步分析，因此只好將其歸類為「主觀」的判斷。二是每個個體都是不同的。個體行為不斷地發生變化。每個人在不同的情境中會表現出自己不同的特質。人事管理最終要落實到對每個人在不同任務、不同情境中的管理。試圖將這些千變萬化、異常複雜的組合抽象化、概括化的努力可能是徒勞的、無意義的。

5. 績效反饋

績效反饋最主要的目的不是在行動結果出來後對執行者獎勵和懲罰，而是使執行者及相關各方在任務執行過程中及時知曉任務執行進展情況，執行者能夠及時調整自己的行動，以便能夠實現目標。同時，相關各方能夠根據行動進展情況相互協調，盡可能將行動計劃失敗或變動的負面影響降到最低。因此，績效信息的接收對象應該包括執行者本人、執行者的直接經理和受該行動影響的各方。績效反饋的內容不僅要包括結果性的滯後指標，更要盡可能包含前瞻性的指標，如前面提到的項目管控指標、人員管控指標等。績效反饋機制必須保證相關各方能夠在第一時間接到績效信息，並且要求各方在規定時間內對該信息做出反應。

6. 回報與晉升機制

●回報

對員工的回報從性質上來說，可以分為兩類：補償和獎勵。

（1）對員工正常工作付出的時間和努力做出的補償。這種補償又可以細

分為基本薪酬和分享的勞動成果。基本薪酬就是只要員工正常工作，就能獲得的確定的報酬和福利，基本工資、計件工資、企業給員工提供的保險、公積金等都屬於這一類。分享的勞動成果就是企業的利潤。從法律和財務原則上講，企業的利潤屬於企業的股東。但是有些企業的所有者認為，企業的利潤是企業所有員工齊心協力工作的成果，他們也應該分享，因此拿出一部分利潤分發給員工。

基本薪酬往往是員工決定是否接受某個工作時考慮的最重要的因素，也是員工工作價值最直接的標尺。基本薪酬也是最容易橫向比較的。對員工來說，公平合理的基本薪酬是其安心工作的最基本的條件。除非有其他特別吸引員工的補償措施（比如提供住宿等），企業應該提供至少與市場平均水準一致的基本薪酬，否則招聘會相對困難，員工流失率會比較高，尤其是在迅速成長的市場環境中。

利潤分享是員工基本薪酬之外的所得。從激勵員工的角度看，利潤分享有如下好處：

第一，員工利益與企業股東利益的方向一致，而且直接掛勾。

如果企業的目的是獲取最大利潤，而企業創造的利潤越多，員工分享的利潤也越多的話，那麼股東與員工的利益就是一致的，他們之間的關聯就是最直接的。

第二，激勵員工在「開源」和「提效」兩方面採取主動行動。

利潤是收入減去所有費用後的所得，要想利潤最大化，就需要將收入最大化，費用最小化。收入最大化需要增加收入渠道，打敗競爭對手，提供客戶價值；費用最小化需要提高工作效率，減少資源浪費。每個員工的行為實際上都直接和這些目標有關。如果企業能夠使員工真正理解他們的日常活動和這些目標以及利潤分享的關係，那麼員工會在「開源」和「提效」兩方面全方位地採取主動，而不僅僅是關注有限的幾個績效考核指標。在自己家，人們會注意隨手關燈，因為亮燈會浪費自己的錢。在企業中，如果人們知道自己會從節省的每一分錢中獲得收益，那麼更多的人會有這樣的自覺行為。

第三，鼓勵員工長期、持續地努力。

企業最終獲取了多少利潤，要在年終揭曉（當然，企業也可以根據自己的情況選擇其他結算時間，如按季度結算）。在結果知曉之前，員工必須持續地、全方位地努力，以取得最大收穫。有些企業的績效目標和資源是員工與領導事先「談判」後確定的。員工有機會操控實現目標的程度和「節奏」。相對而言，利潤分享更能激勵員工長期進取。

第四，鼓勵員工相互合作和監督。

你的工作做得好，創造了效益，我也有份，我自然願意幫助你成功；你浪費了企業的資源，也就減少了我的收益，我需要提醒你，或者是採取其他措施阻止這種行為。

（2）獎勵。獎勵是對員工的超常表現、企業倡導的特定行為以及企業需要的特定工作成果給予的獎賞。一般來說，獎勵的內容和獲獎的條件是事先明確的，即只要做到「這個」，就會得到「那個」。「這個」是獲獎的條件，「那個」是獎勵的內容。

獎勵在一定程度上確實會引起員工的注意，尤其是那些自認為比較容易獲得獎勵的人。但是，在提高員工整體績效水準方面，獎勵可能不見得有很大的效果，並且會給企業帶來一些副作用。

如果員工不用付出額外的努力就能獲得獎勵，那麼這個獎勵就是一種資源浪費。獎勵產生效果的條件是它能夠激勵員工付出額外的努力，以達到獲獎條件。但是，在一個工作設計合理、管理得當的企業裡，員工不應該有太多的時間和精力去做「額外」的努力。如果員工確實有太多的剩餘工作時間，那麼解決這個問題最好的方法並不是設立獎項，而是業務拓展、崗位和流程優化等措施。

企業裡很多複雜的任務不是某個員工付出額外的努力就能完成的。這些工作有的需要特定的知識、技能，有的需要團隊合作或其他控制在別人手裡的資源，有的依賴外部條件。「重賞之下，必有勇夫」，但是重賞之下，不見得人的智慧會提高、外部條件會具備、團隊合作會更好。相反，有的獎勵會激起同

事、部門之間的競爭，破壞團隊協作。最後一人（團隊）獲獎，眾人（團隊）成仇。

獎品要有足夠的價值，員工才會感興趣。頒發獎品之後，如果期望員工依然有動力爭取下次的獎品，企業需要提高或至少保持獎品的含金量。降低獎品的含金量馬上會使員工對此獎項鼓勵的行動失去興趣，或者至少認為此獎項鼓勵的行動不那麼重要了。對企業來說，長期維持員工對獎項的激勵作用可能是一件費用很高的事情。

當人們將注意力集中在某事物上時，他們會本能地忽略其他的事物，心理學家稱之為「專注錯覺」（Focus Illusion）。獎勵可能使員工專注於獲取獎品，而忽視或降低沒有獎品鼓勵的領域的重要性。企業重獎降低成本的行為，人們就可能為了降低成本而犧牲產品質量和銷售額；企業重獎銷售額增長，人們就可能為了提升銷售額而忽視服務質量。

如果企業不能夠非常客觀、公正、公開地對員工的表現做出評估，那麼就可能為未獲獎的員工質疑評獎的公正性留下巨大的空間，這會極大地降低他們以後追逐獎品的積極性，同時降低企業管理層的權威。這種獎勵帶來的消極作用比積極作用要大得多。

因此，企業應該慎用獎勵。如果企業能夠合理安排員工的工作，向員工支付與他們的付出相匹配的基本薪酬，甚至能夠與員工分享企業的利潤，那麼需要使用獎勵的地方是不多的。很多企業不為員工提供創造高業績的條件，不幫助員工提升自身的能力，但是卻有很多的獎勵與懲罰措施。「用業績說話，做好的獎，做壞的罰」，這實際上是用獎勵和懲罰代替管理。如果管理能夠等同於獎勵與懲罰，那麼人類就和馬戲團的動物差不多了：「做了這個動作，會得到食物；做不到這個，挨幾鞭子」。那麼，企業不需要管理者，請幾個馴獸師就足夠了。

● 晉升

很多人認為，晉升也是給員工的回報。從本質上來說，晉升與前面提到的回報是有很大的差別的。

晉升可以分為兩類：一類是「專業升級」，指的是按照特定的評判標準，將員工的專業技能評定為更高的等級，如從工程師評定為高級工程師；另一類是「升職」，指的是行政職務的提升，既擴大員工對人員、其他資源以及公司事務的管轄和支配權，如將銷售員提升為銷售經理，從負責本人的銷售任務轉變為管理銷售團隊。

從員工過去經驗與新工作匹配度的角度，升職分為順延式升職和跨越式升職。順延式升職是指將員工提升到一個與其過去工作經驗大體一致的工作崗位。新崗位與其原來的崗位的差別只是責任規模或範圍的外延擴大了。例如，將一個管理 150 人的工廠的廠長調到一個管理 1,500 人的工廠去做廠長。被提拔的員工需要學習有關新工作環境的知識，但是他不需要獲取新的基本技能。跨越式升職是指將員工提升到一個他過去從沒有過類似經驗的崗位。例如，將銷售員提拔為銷售經理。銷售員負責的是具體的一線銷售工作，是「管事」；銷售經理則是管理銷售人員的，是「管人」。這兩種工作需要完全不同的能力和知識組合。

公司給員工升職，是因為公司需要這些員工在新的崗位發揮作用，而不是為了補償或獎勵員工過去的表現。因此，公司決定是否提拔某個員工的基本標準是該員工是否能夠勝任該職務，其個人特質是否與新的職務和環境匹配。公司給員工專業晉級，是因為該員工的專業技能達到了一定的水準，是對其專業技能的正式認可，也不應該是為了補償或獎勵員工過去的表現。

混淆回報（補償與獎勵）與晉升，將晉升解釋為回報，會在企業中造成很大的負面影響。畢竟，管理職位的數量是有限的，層級越高，職位的數量越少。很多人可能在某個層級的職位上表現同樣出色，但並不意味著他們都可以晉升，因為他們中有些人的個人特質和經驗不見得與新職務匹配。補償與獎勵的特點之一就是「只要按要求做了該做的事，補償與獎勵人人有份兒」。如果每個表現好的人都期望能夠得到升職，而大多數人由於職務數量的限制沒有得到提拔，就會造成「大面積」的失望、挫敗感、不公平感和憤恨。人們在工作中將這些負面情緒以各種方式表現出來，有的很明顯，有的很隱晦；有的是

明顯地發洩個人情緒，更多的則是以光面堂皇的、為企業利益著想的名義「公報私仇」。這種「報復」是長期性的。企業的最高管理者帶著一支多數成員懷有負面心態的團隊在迷宮中探索，搞不清哪些障礙是迷宮中本來就有的，哪些障礙是自己的團隊成員有意無意暗中設置的，結果可想而知。

專業升級的特點是「只要員工的專業技能達到預先設定的專業技術標準，就應該得到升級」。但是，在有些企業中，專業升級變成了一種「特殊獎勵」，只有少數人能夠得到，而且在專業技能之外，又添加了一些其他的要求，而這些要求又往往不是公開的、可以客觀衡量和橫向比較的。結果同樣是造成了「大面積」的負面情緒。人們對那些獲得晉級的人的專業技術能力的認可度也會大打折扣，即使他們確實是懷有真才實學。

因此，企業回報機制的首要原則就是要將晉升和回報區分開來，嚴格按照其各自的特點和功用實施，並且要使員工對晉升與回報之間的差別很瞭解。此外，企業的回報和晉升機制還要遵循下述原則：

第一，盡可能將工作本身打造成對員工的最大的回報。

對於絕大多數企業的員工來說，他們生命中的最長、最寶貴的時間是在工作中度過的。工作不僅僅是獲得基本的生存資料的工具，還是人們滿足更高層次心理需求的主要渠道。蓋洛普等調研機構和管理學、社會學、心理學等領域的學者對企業員工做過各種各樣的調研，沒有一份報告表明員工把獲得金錢作為首要的工作目的。讓員工在工作──這項他們用最寶貴的生命時間從事的活動中獲得最大的物質和精神收穫，是對員工最大的回報。為了實現這個目的，企業需要使員工清楚瞭解工作任務的要求，瞭解其工作對企業的價值；為員工配備足夠的資源和合適的工作環境；對員工的表現在適當的時候提供恰當的認可；讓員工從事與自己的個人特質匹配的工作，並使他們能夠在工作中能發揮自己的強項；使員工當前的工作與其未來的成長方向一致，讓員工的每一份付出都能夠為自己未來的成長增添一塊基石；為員工提供公平的基本補償。

第二，提供多種回報方式，避免晉升成為員工獲得更多尊重與金錢回報的唯一方式。

讓員工在不同的職位和職業發展道路上，各顯其能，並獲得與提職平等的待遇。例如，有的企業採取「交叉式」薪酬機制。企業為各類職務都評定勝任等級，各個等級與相應的薪酬水準掛勾。管理職位低等級的工資不一定比高等級的非管理職位的工資高。例如，一個剛剛被提升到銷售經理職位的人，其工資會比一個資深的銷售人員的工資低。在這樣的體制下，對於一個工作業績很好的銷售人員來說，即使他有被任命為銷售經理的機會，他也要權衡一下是否要接受這個職位。一方面，他的新職位的工資比現在的職位低，換崗意味著收入水準馬上下降。另一方面，他的工作業績已經證明了他能夠勝任現在的職位，並且可以進一步提高，獲得更多的回報。如果他在銷售經理的職位上不能充分發揮自己的強項，表現不盡如人意，不能夠獲得繼續提升，那麼他的收入就會被長期鎖定在比現在低的水準上。在這種情況下，這個員工需要認真思考到底哪個工作與自己的個人特質和發展方向更匹配，他也會對這兩個職位有更客觀的認識。

如果這位資深的銷售人員在公司相關事務，如決定銷售獎勵機制、公司整體促銷策略等工作中有足夠的參與機會和權利，那麼成為銷售經理就不再像在很多其他公司那樣獲得更多收入和尊重的唯一渠道了，他更有可能選擇最適合自己的、最有可能發揮自己最大價值的工作崗位。

第三，盡可能個性化。

不同的人有不同的需求。同一個回報措施，對不同的人的激勵作用是不同的。即使是同一個人，其在不同的時期、不同的境況下對回報機制的反應也是不同的。

一位女士安曉，剛剛生了孩子。她工作表現很好，被連續提拔過兩次。作為對安曉過去工作業績的認可，公司給她兩個選擇：一個是繼續提拔，讓她承擔更多的責任，但是她會很忙，而且經常出差；另一個是允許她自由掌握工作時間，除了必須參加的工作會議以外，她可以自由選擇工作時間和工作地點，只要她完成工作就可以。安曉會選擇哪個呢？哪一個對她的激勵作用和發揮她的最大價值最有效果呢？如果安曉非常看重對孩子的陪伴，而且她沒有信得過

的人幫她帶孩子，那麼她會選擇後者，這時候提升她，她在新職位上的表現極有可能不盡如人意，進而引發一系列消極後果。如果安曉的親人可以幫助安曉照顧孩子，而且安曉更珍惜這次提升的機會，那麼她會滿心歡喜地選擇被繼續提拔。

公司根據員工的情況提供了多種回報方式，允許員工自己在其中做出選擇，甚至允許員工自己提出回報方式的建議，這無疑會大大激發員工的積極性，而且會避免公司的資源浪費，甚至花錢辦「壞事」的情況。

第四，盡可能使企業股東利益與員工利益直接掛勾。

絕大多數人不會像愛護自己的車那樣愛護租來的車。如果期望員工像公司所有者那樣關心公司的最終收益，並從全方位付出最大的努力，那麼最好的方式可能就是將給員工的回報與公司的最終收益直接掛勾。

第五，避免用外在舉措彰顯地位差別。

炎熱的夏天，中央空調不大給力，副總裁們坐在他們的大辦公室裡面，吹著行政部單獨為他們買的風扇，打著手機（有可能在和老婆安排晚餐事宜）。其他員工，包括比副總裁只低一個級別的總監們，則坐在外面的大筒子間裡面一邊擦汗，一邊為完成副總裁安排的工作絞盡腦汁……

銷售總監與銷售經理出差拜訪一個客戶。辦理完登機手續，銷售總監和銷售經理說「下飛機見」，然後，他昂著頭瀟灑地進入了頭等艙候機室。下了飛機，兩個人在機場搭乘同一輛出租車去酒店。車子停了，銷售總監揮揮手說「明天這裡大堂見」，然後他又昂著頭瀟灑地走進了燈火通明的五星級酒店的大堂。銷售經理回頭對出租車司機說「師傅，去××連鎖酒店（經濟型酒店）」……

很多公司依照行政級別為員工設定了不同的交通、差旅、辦公環境和設備等方面的標準，最直接、最有效地說明了只有在升職這一狹窄的階梯上浴血拼殺，一路攀升，才能夠獲得更多的尊重和認可，才能做到「人上人」，否則只能做「人下人」。「每個工作都對公司有不可或缺的價值」「人人平等」「我們是一個團隊」等都是「高級人」哄騙「低級人」的鬼話。大辦公室、每日必

換的鮮花、專屬司機等沒有一刻不在提醒那些未獲得提升的人：「你們是失敗者！」當這些外在物成為人們評判員工地位的標尺時，他們不得不對此分外敏感，變得分毫必爭。「瞧，李副總裁的辦公室比王副總裁的辦公室小一些，說明他在總裁心中不如王副總裁重要。」在這樣的環境中，李副總裁會不會在意兩平方米的辦公面積的差別呢？

辦公室、交通、酒店等方面的安排是為了使人們更好地完成工作，不能成為彰顯地位差異的工具。企業應該遵循按工作需要，而不是按照職位高低的原則提供這些設施（備）和服務。總裁、副總裁因為需要處理一些涉及企業機密的文件等原因需要一個獨立的辦公室，那麼準備這些機密文件的財務部、人事部的員工需不需要獨立的辦公室呢？

第六，盡可能提供「迴路」升職。

在很多公司中，員工要想獲得升職，僅僅把當前工作做好是遠遠不夠的，他還需要一些「軟實力」。例如，讓關鍵領導注意到自己，在出現職位空缺時積極、有效地爭取，把控展現業績的節奏，打動對升職有影響力的人士，制定打敗競爭者的策略，等等。很多時候，「軟實力」比工作表現還重要。獲得升職的這些能力實際上與在新崗位上把工作做好的能力是不同的。一個人獲得升職，並不意味著他已經具備了新崗位要求的勝任力，尤其是跨越式升職，員工都不具備與新崗位類似職務上工作的經驗，他們不勝任新工作的可能性是很大的。

即便是員工勝任新的崗位，繼續獲得提升，總有一天他會被提升到不勝任的崗位。勞倫斯·彼得在對上百個不勝任的案例進行分析之後，得出了著名的「彼得原理」：「在層級組織中，每一個員工都有可能晉升到不勝任階層。」他繼續推論，隨著時間的推移，假定層級組織中存在足夠的級別，每個員工都會被晉升到不勝任崗位，並且一直待在那裡。最終，每一個職位都會被不勝任工作的員工把持。

如果升職是一條狹窄的單向雲梯，只能上，不能下，員工又被提升到了不勝任的崗位上，那麼對企業造成的損失是多方面的。企業損失了一個原本勝任

工作的員工，多了一個不勝任工作的員工。被提升但不勝任工作的員工的決策和行為會對企業造成直接的負面影響。如果將其降職，則直接說明了提拔他的領導的判斷是有問題的，而領導們往往不願意承認這個事實。同時，降職對該員工來說是一件丟臉的事，也會讓他失去從事低級別職務的興趣，結果就是辭職。

採取「迴路」升職的制度可能解決或減輕上述的問題。「迴」有很多含義，其中包括「曲折、環繞、旋轉」和「還（huan），即走向原來的地方」。「迴路」升職中的「迴」字取的就是這兩個意思。「迴路」升職意味著：

（1）曲線提升。在正式任命員工之前，讓其承擔一些過渡性工作，獲得必要的經驗和知識。雖然一個首席財務官（CFO）在工作中也會接觸企業的各個職能部門，但是他是從財務的角度，而不是從整個企業營運管理的角度與各部門打交道的。如果在提拔他做首席執行官（CEO）之前，讓其在生產部、銷售部等關鍵部門擔任一些具體的管理工作，一方面能夠考察他在財務領域以外的能力，另一方面能夠補足他的經驗和知識，這會提高他勝任 CEO 職位的概率。

（2）可上可下。在正式任命員工之前，企業可以讓員工先承擔新崗位的實際工作。如果事實證明員工可以勝任新工作，那麼就正式任命；如果該員工無力承擔新工作，他就繼續做原來的工作。「員工不丟臉，企業不失人。」

企業要讓每一個員工都知道，每個人都有可能不勝任新的工作崗位。公司願意給員工提供嘗試新挑戰的機會，但是如果事實證明新的崗位與員工的特質不匹配，員工重新回到其勝任的崗位，無論是對員工還是對公司來說都是最佳的選擇。

如果企業採取「交叉薪酬」制，並且沒有車、辦公室等這些彰顯地位差別的外在刺激物，那麼採取「迴路」升職制的效果會更好。

第七，合理設計評估標準，嚴控評估環節。

給予員工回報、獎勵和晉升都離不開對員工的績效、能力與個人特質等進行評估。評估的質量會對企業回報和晉升機制的效用產生很大的影響。企業需

要對評估人員、評估依據的標準、評估方式和流程等做出明確、合理的規定，並確保其能夠得到貫徹執行。

很多公司用綜合性年度預算作為最主要的衡量績效的標準：達到預定的業績目標（如銷售額、市場份額等），將費用控制在預定的額度以內（費用控制目標）。這種年度預算有以下三個最主要的問題：

一是將資源分配、設定目標以及未來預測三大功能混雜在一起。為了比較容易地實現績效指標，員工會自然地想辦法壓低業績目標，誇大資源需求，同時操控對競爭對手、客戶需求等方面的預測，使自己提交的數字能夠自圓其說。最終，企業對客戶需求、競爭對手和自身能力等方面的瞭解會與事實相差甚遠。

二是各部門的績效指標是各部門負責人與企業 CEO 單獨「談判」的結果。每個部門的績效指標之間並無合理的關聯，也沒有為了企業整體的利益最大化進行優化和平衡。各個部門實現各自績效指標的過程及以後可能對其他部門並無幫助，甚至相互掣肘，彼此傷害。

三是很多企業往往是參考歷史數據和對近期未來的預測設定績效指標。但是，由於上述兩點談到的原因，歷史數據往往不能體現企業的真實能力，對未來的預測的水分也很大。企業的績效指標不能夠和企業生存與發展的基本條件直接掛鉤。其實從預算數字確定那一刻起，這些數字就可能已經與現實脫節了，因為讓人們對下一年內要發生的事情做出準確的預測是非常困難的，何況企業內外的情況一直處於不斷的變化當中。最終，人們忙活一年，目的是為了湊足一年前制定的數字，而不是應對現實中客戶的需求、競爭對手的變化和員工的成長。

對企業來說，最寶貴的是資源和時間，最可怕的則是浪費資源和時間。制定一個年度預算，要花費各級員工大量的時間（人力資源）和其他資源（如差旅費等），這中間有很大的浪費；預算制定後，人們的活動集中在湊足數字，而不是應對現實，浪費了資源和時間；人們明明能以低於預算額度的費用完成任務，但是為了保住下一年的費用額度，突擊花錢，浪費了資源；人們在年度內提前湊足了業績數字，就不再努力，以防止下一年業績目標水漲船高，

這又浪費了寶貴的人力資源和時間……

任何企業在一定時間段內都需要有一個目標，任何企業都需要控制費用，合理分配資源。為了解決傳統預算的問題，有些企業將資源分配、設定目標以及預測這三大功能分開。企業設定與競爭對手對標的動態目標，而不是與自己過去表現比較的一個固定的數字。採取五季度循環預測，既每個季度都根據實際情況和最新信息對下面五個季度中競爭對手、客戶需求、企業表現等做出預測。企業的各個部門根據最新預測制訂行動計劃，企業根據行動計劃分配資源。在績效考核方面，企業在每個季度都和員工一起對其工作表現和結果進行反省和總結，最終根據員工四個季度的行為和企業與競爭對手對標的結果為員工評定績效表現等級，分享企業的利潤。表現等級越高，分享的利潤也就越多。相對於傳統的年度預算機制，這些措施給企業帶來了更多的效益。

七、組織配置各要素協調統一

企業的任務、組織設計、管理制度（規劃與控制、獎懲、培訓等）和資源需要合理地組合一起，相互匹配協調，才能使企業高效地完成任務，實現目標。這四個要素的關係，就如一個凳子的三條腿和一個面。三條腿彼此相互連接，而且等長，就會形成很穩固的支撐結構（見圖3-7）。

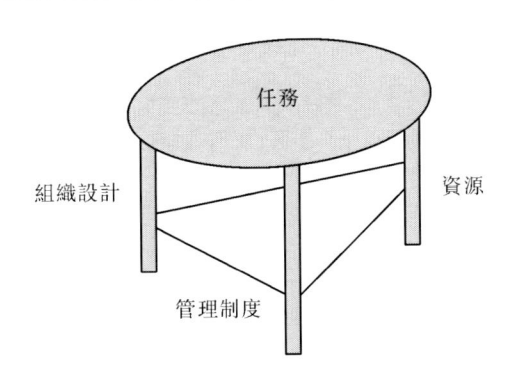

圖 3-7　組織配置各要素

具體來說，這四要素的匹配協調意味著：

首先，組織設計能夠使企業高效運轉，以最少的資源、最短的時間完成價

值創造過程，至少要比競爭對手效率高。

其次，企業資源適合併足夠完成任務（目標）。

第三，管理制度使各種資源同向、適配、對位、盡能。所謂同向，就是各種資源，尤其是人力資源不相互抵觸、彼此消耗；所謂適配，就是企業的人、物以及無形資源能夠有機結合；所謂對位，就是這些資源能夠由最合適的部門（人員）進行管理、操作，在最合適的地方發揮作用；所謂盡能，就是能夠使各種資源，尤其是人力資源發揮最大效能，也就是常說的「人盡其才，物盡其用」。

第四，企業的管理制度能夠使企業根據自身與外界的變化及時調整配置各種要素。

八、與所處生態環境和諧一致

企業的營運不能與所在地的政策法規、道德規範、文化環境和經濟環境等限制性因素衝突。企業的目標和發展方向也應該與其所處的生態環境，尤其是市場發展的趨勢相一致。例如，當保護環境、愛護野生動物的理念被更多人接受，並且被政府以法規的形式體現出來的環境中，開一家提供熊掌、猴腦、鯨魚肉等珍稀野味的餐館就是不明智的決策。在一個日漸衰落的市場中大幅度增加投資，而不是獲利離場，也是逆勢而行的錯誤做法。

上面提到的企業的目標、市場、產品、組織架構、流程、工作崗位、產品以及管理制度都是企業的決策的結果，它們構成了企業的基礎。企業工作人員執行的具體工作都是在這個基礎之上進行的。決策管理的目標就是使企業的任何決策都能夠不斷地優化、鞏固企業的基礎，並高效地完成具體的工作，使企業在競爭中勝出（見圖3-8）。

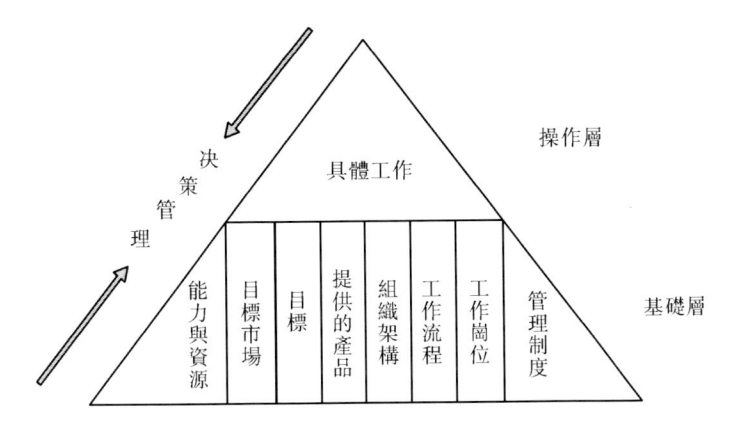

圖 3-8　企業決策的層級與決策管理

第四章
決策事務管理

從決策的角度來看，理論上企業有「五不怕」和「五怕」——不怕事情多，怕的是有問題發現不了，有機會意識不到；不怕付出努力，怕的是內部的決策相互衝突，「自己努力打自己」；不怕有問題，怕的是明明知道有問題，但卻不去解決問題；不怕問題解決不了，怕的是由不合適的人去解決問題，越「解決」問題越多；不怕做錯決策，怕的是決策者不知道自己做錯了決策。

　　實際上，上述的「五不怕」和「五怕」在很多企業中變成了加法，「五加五等於十」，形成了「十禍」——一是事情多；二是有問題發現不了，有機會意識不到；三是企業上下無事忙，白白消耗很多資源；四是內部的決策相互衝突，「自己努力打自己」；五是有很多很多問題；六是明明知道有問題，卻不去解決問題；七是很多問題解決不了；八是經常由不合適的人去解決問題，越「解決」問題越多；九是決策者經常做錯決策；十是決策者不知道自己做錯了決策。

　　上述這「十禍」，有的禍是別的禍的因，有的禍是別的禍的果。病連病，禍惹禍，糾纏不清。決策事務管理，就是從發現所有需要決策的事務開始，理清各種決策事務之間的關係和輕重緩急，指派合適的人按照合理的先後順序和優先級處理各種事務。

　　決策事務管理的關鍵是決策事務管理全局化，也就是從企業全局的角度對企業的各種決策事務進行綜合管理和統籌安排。決策事務管理主要包括三部分內容：一是及時發現正確的決策事務；二是對決策事務進行分析、整合，並確定優先級；三是指定決策牽頭人。

及時發現正確的決策事務

本環節主要工作如圖 4-1 所示。

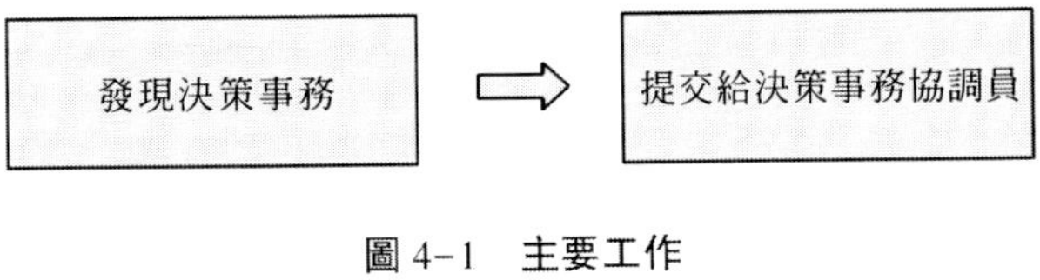

發現決策事務　⇨　提交給決策事務協調員

圖 4-1　**主要工作**

如果一個人的前進方向選錯了，無論他怎麼優秀、怎麼努力，都不會達到最終目的地。同理，如果選擇了錯誤的事務去決策，無論決策者後面的行動如何「正確」，結果都會是錯誤的。那麼，何為「正確」的決策事務呢？

「正確」的問題符合下面的標準：

（1）該問題阻礙企業按照本書第三章談到的企業高效營運的八大標準運作（見表4-1）。

表 4-1　　　　　　　　　　　　企業高效營運標準

標準	說明
高效的決策和管理系統	以最低的成本，及時、迅速地收集到全面、真實、跑的企業內外各種相關信息，並對信息進行合理分類、儲存和傳播。
	及時、迅速地解讀信息，確定需要決策的事務，並且確定優先級別。
	及時組織合適的人員依照合理的決策流程對決策事務做出決策。
	組織合適的人員執行決策，並對執行過程進行適當的監督和指導。
	建立並維護企業各層級決策的相關制度，如決策標準、流程、信息管理和溝通機制等。全公司上下有統一的決策標準和決策事務優先級判斷標準。
	管理各層級決策人員，包括專業技能評估、個人溝通風格評價、在過去決策行動中的表現評估、決策技能的評估與提升和決策任務指派等。
合理的發展目標	與企業自身能力、資源相匹配。
	以為客戶提供價值，滿足客戶需求為導向。
	「持續創造並且保持競爭優勢」是必要的組成部分。
	平衡長期、中期目標與短期收益。
合適的產品和服務	公司的產品和與之配套的服務能夠滿足客戶需求。
	與競爭對手相比，有一定的競爭優勢。
	能夠以至少和競爭對手同樣的成本製造該產品，提供必需的服務。

表4-1(續)

標準	說明
企業有適合的生存空間	目標市場要夠大。
	目標客戶有明確的待滿足需求。
	市場內沒有競爭對手強大到足以「控制」客戶和關鍵資源提供方其中任何一方。
	有合適的、夠的資源供應商。
	在獲得既定的財務回報之前，市場上不會出現革命性的替代性產品。
合理的組織設計	合理的組織架構。
	高效的工作流程。
	合理的工作崗位設計和配置。
合適的績效管理制度	合理的團隊和績效目標。
	合適的行動計劃。
	適當的資源配給。
	合理的績效管控指標。
	合理的績效反饋機制。
	合理的回報與晉升機制。
組織配置各要素協調統一	組織設計能夠使企業高效運轉，以最少的資源、最短的時間完成價值創造過程，至少要比競爭對手效率高。
	資源適合併足夠完成任務（目標），並且沒有冗餘。
	管理制度使各種資源同向、適配、對位、盡能。
	企業的管理制度能夠使企業根據自身與外界的變化及時調整配置各種要素。
與所處生態環境和諧一致	企業的營運不夠與所處地的政策法規、道德規範、文化環境和經濟環境等限制性因素衝突。
	企業的發展方向也應該與其所處的生態環境，尤其是市場發展的趨勢相一致。

（2）該問題是「本」而不是「標」。俗話說：「與其揚湯止沸，不如釜底抽薪。」企業中的很多問題，只是更深層次問題的症狀，這些更深層次的問題才是「根」。相對於症狀，這些「根」就是正確的問題。

（3）在時間、資源等有限的情況下，相對於其他問題，解決該問題後能

夠帶來更大收益。管理者的時間、精力和企業的其他資源都是有限的。在眾多「根」問題中，解決後能夠帶來最大收益的問題，就是最正確的問題。企業需要根據「根」問題的影響範圍和緊急程度，排出解決的先後順序。

「正確」的機會符合下面的標準：

（1）同方向。該機會與企業的發展方向一致，有助於企業建立或加強自身的核心競爭優勢，滿足客戶需求，最終能夠給企業股東帶來財務回報。

（2）抓得住。企業利用可以調動的資源，能夠或至少有很大的可能性把握住該機會。

（3）划得來。企業為獲取該機會付出的綜合成本包括對企業當前營運的負面影響和承擔的風險，小於機會帶來的收益。

不僅需要發現正確的決策事務，還要及時發現它們。在問題沒有出現之前就採取防範措施，或者是在問題處於萌芽階段時就解決它，能夠使企業以很小的代價避免不可挽回的損失。同樣，及早發現發展機會，跟蹤機會，並在第一時間把握住機會，採取行動，會給企業帶來跨越式的發展，盡早建立新的競爭優勢，甩開競爭對手。

當前問題——尋根溯源

企業中的很多問題，甚至是一些看似影響不大的小問題，可能是多個、更深層次的問題顯現的症狀。企業管理中有兩個常見的誤區：一是治標不治本，斬草不除根，由低層級員工用簡單的辦法應對由企業高層造成的、深層次問題的症狀；二是除根不乾淨，沒有清除問題的所有根源。結果是儘管企業付出了一些努力，但是問題仍然遲遲得不到解決，甚至問題越來越多。因此，對於所有已經發現的問題，企業需要尋根溯源，及時找到並消除所有造成這個問題的最根本原因。

在企業中推廣問題關聯圖有助於幫助各層級決策者避免進入上述誤區。問題關聯圖先列舉造成當前問題現象的直接原因（第一層問題），然後繼續列舉造成第一層問題的原因（第二層問題），以此類推，逐層推進，直至無法繼續

深進為止（見圖4-2）。

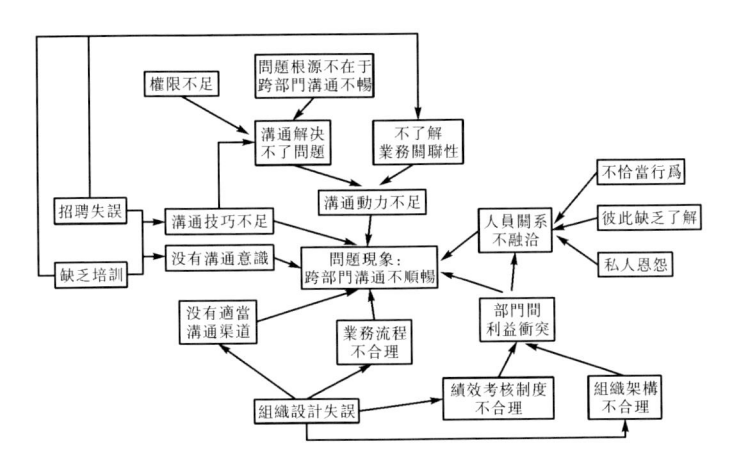

圖4-2　問題關聯圖示例

　　圖4-2分析的是「跨部門溝通不順暢」這個現象的多層次原因。考慮到頁面篇幅的限制，圖4-2只展示了第二層問題和少數第三層問題。有興趣的讀者可以繼續向下推演，看看最終層級的問題會是什麼。製作問題關聯圖的核心是持續問「兩個W」，即「Why」和「What else」，也就是「為什麼會出現這個問題」和「除了這個原因之外，還有什麼原因可以造成這個問題」。

　　問題關聯圖能夠在一張圖上展示所有可以想得到的、造成各個層級問題的原因以及它們之間的關係。其實，企業中經常出現的問題種類並不是很多，許多問題是重複出現的。很多影響企業營運的要素之間的關係也是固定的。因此，在企業中推廣、共享問題關聯圖，可以大大提高企業發現問題、解決問題的效率。

　　通過使用問題關聯圖，企業各個層級的決策者可以清楚地瞭解他們採取的行動能夠解決的是哪部分的問題，還有哪些部分問題應該由其他人來解決。企業高層決策管理者可以對問題的解決進行全局的協調和把控，確保做到不漏掉需要消除的問題根源，分配合適的人員和資源解決合適的問題，按照合理的優先級和先後順序解決問題。

　　對於探險者來說，其使用的地圖的準確性、詳細程度是關乎性命的。問題

關聯圖對於企業管理者的重要性，就如同地圖對於探險者的重要性。問題關聯圖的正確性、全面性對企業是至關重要的。問題關聯圖體現的是製作者的企業管理理念、專業知識水準、對企業現狀的把握和具體事務之間關係的理解。企業需要請有足夠能力的人員幫助企業制定問題關聯圖。

未雨綢繆——系統化應對潛在問題和機會

1. 潛在問題

《禮記・中庸》云：「凡事豫則立，不豫則廢。言前定則不跲，事前定則不困，行前定則不疚，道前定則不窮。」對於企業來說，最理想的是及早發現潛在的問題和機會，在問題沒有發生前就採取措施，在機會成熟之前就做好準備，乃至能夠創造新的機會。

但是，和發現當前問題（已經出現的問題）相比，發現潛在的問題很難。這是因為當前問題已經造成了損害，症狀很明顯，而潛在的問題還沒有實際出現，甚至連一點徵兆都沒有。

即使能夠造成潛在問題的「因」已經出現，管理者需要將這個「因」與可能出現的「果」關聯起來，才能夠預計到潛在問題的發生。現實中很多企業管理者不懂得或沒有注意到這種因果關係。

另外，問題的「因」不一定就「結果」（造成問題）。出於公司政治、面子、安全、省心等方面的考慮，很多人不會主動提出潛在問題。

相對來說，當前問題已經發生，比較容易定義責任人和相關方。但是，潛在問題尚未出現，如果公司沒有在潛在問題方面有明確的制度，會有人想逃避責任，不提出潛在問題；或者是存有僥幸心理，期望潛在問題不發生，因此也不會提出潛在問題。

由於對潛在問題的描述只能是建立在「預計」或「推測」的基礎上，問題的影響面越大，描述、定義起來就越困難，受到的挑戰、質疑也會越多。這會讓很多人望而卻步。

因此，企業需要建立一套專門的機制來發現潛在的問題。試圖發現和預防

所有的潛在的問題不僅成本高昂，而且也是不必要和不可能的。企業需要把注意力集中在那些能夠給企業帶來重大損害的潛在問題上。建立潛在問題發現機制的基本過程如下：

第一步，根據所處行業、自身定位、發展階段、市場、能力和資源等情況，確定實現營運目標的關鍵成功要素。例如，一個初創的車輛共享互聯網平臺企業，其最關鍵的成功要素是迅速獲取大量的用戶和車輛資源以及服務規範化。一個處於成熟市場的發光二極管（LED）元器件封裝廠，其最關鍵的成功要素是成本控制、產品合格率和獲得利潤。

需要指出的是，無論是什麼樣的企業，處於什麼階段，都需要高效營運。企業可以參考本書第三章提到的企業高效營運的八大標準，制定自己的高效營運標準。

第二步，列舉能夠阻礙企業在這些關鍵要素領域獲得成功的可能問題。

企業可以先把注意力集中在一些比較薄弱或關鍵的地方，分析這些地方可能出現的變化或問題。例如：

（1）能夠對企業全局產生重大影響的地方，如資源、權力高度集中的部門（人員）、營運系統。

（2）容易發生變化的地方，如人員組成。

（3）過於依賴於主觀判斷的地方，如決策。

（4）對企業影響大，但是企業無法控制的因素，如政策、法規。

（5）沒有經驗、歷史數據的地方，如新技術的使用、新員工就職的崗位、剛剛組建的團隊等。

（6）其他薄弱的環節。

第三步，列舉造成上述潛在問題的可能原因。這些原因分為內部和外部原因。一個企業出現的問題很多時候是內部原因、外部原因綜合作用的結果。

外部原因包括：

（1）宏觀環境的變化，如政治、經濟、自然環境的變化，政策、法規的變化以及科學技術的進步等。

（2）經營環境的變化，如客戶、競爭對手、供應商以及合作夥伴的變化等。

內部原因包括：

（1）物的因素，如機器、設備、系統等物質資源失去效力。

（2）人的因素，如決策失誤、操作失誤、人員能力不足、破壞、詐欺、腐敗、偷盜等行為。

（3）企業整體能力不足，即企業是一個人與物的結合體，而這個結合體的能力不足以實現企業的目標。本質上來說，這屬於企業設計決策失誤。

第四步，列舉如何在第一時間發現上述原因。例如，定期掃描、搜集企業運作信息；通過內部關係獲得某組織信息；通過定期的市場調研獲得市場信息；指派專人從網絡、刊物等媒體搜集整理信息等。

第五步，指派專人負責第四步信息的搜集、整理、分析以及匯報工作，並建立相應的績效考核機制。

2. 機會

機會是等來的，同時也是找來的，甚至是創造出來的。

之所以說機會是等來的，是因為只有各種要素組合在一起，形成企業可以利用的有利的局面的時候，才稱之為機會。時間未到，各種要素沒有形成有利的組合，那就沒有機會。說機會是找來的，是因為有關機會的信息常常不會自動呈現在決策者面前。在有些情況下，企業可以通過自己的努力，對各種要素施加影響，形成對自己有利的組合，這就是創造機會。

機會只青睞有準備的人。在形成機會的各種要素中，企業利用機會的能力是必要的組成部分。競爭對手倒閉了，這本是企業擴大銷售、搶占市場份額的大好機會。但是，如果企業沒有足夠的產能，那麼競爭對手的倒閉對企業來說就不是機會。因此，企業需要建立搜尋潛在機會的機制，盡早發現機會，盡早做好充分的準備，甚至做到創造機會。

機會搜尋機制大致按下列幾個步驟進行：

第一步，企業根據自身所處行業、自身定位、發展階段、市場、自身能力

和資源等情況，確定機會的標準和搜尋領域，如生產技術進步、客戶變化、原材料升級換代、競爭對手變化等。

第二步，指派專人收集、整理上述領域的信息。

第三步，指派專人對收集到的信息進行分析，對涉及領域的現狀和未來發展趨勢做出判斷。

第四步，根據上述判斷，制訂企業的行動計劃。

發現當前問題

企業需要制定詳細的制度，明確規定如何處理當前問題的相關事宜。其內容包括：

(1) 什麼樣的問題必須上報。

(2) 誰來承擔發現問題的責任。

(3) 提交問題的流程，如接收對象、時間、內容、格式、方式等。

(4) 對不能及時發現、提交問題的責任人的懲罰措施。

企業的問題可以分為兩個層級：基礎層問題和操作層問題。基礎層問題能夠對企業的生存、實現戰略目標和正常營運直接造成全面的、長期的負面影響。操作層問題雖然是個別工作崗位或環節不能夠按照既定標準和目標完成任務的狀況，但是由於企業工作的關聯性，一些操作層出現的問題不能夠及時解決，也會對整個企業造成巨大的影響。比如說，企業的採購部不能夠找到合適的供應商，銷售人員不能夠按照計劃拜訪足夠數量的客戶，客服人員不能夠按照規範處理客戶投訴等。

操作層問題

原則上來說，對於一個工作崗位 A，有兩位主要責任人和兩個次要責任人負責發現、提交出現的問題。

兩位主要責任人包括 A 崗位工作的承擔者（崗位負責人）及其主管上級。A 崗位負責人有以下兩個義務：

(1) 必須在第一時間向相關人員通告自己不能夠按照規定完成任務的

情況。

（2）上報任何阻礙其按要求完成工作的問題，如上游沒有按照約定向本崗位提供工作成果、工作資源不足、工作環境不合適、任務指令不清晰、缺乏工作結果反饋、工作量不合理、本人健康問題以及個人能力和知識不足等。

A 崗位負責人的主管上級也必須及時發現 A 崗位出現的問題，尤其是判斷 A 崗位設計是否合理，崗位負責人是否因不具備足夠的能力、意願和其他條件而不能完成本職工作。

兩位次要責任人包括 A 崗位所在工作流程中上游環節負責人和下游環節負責人。上游環節負責人主要是上報 A 崗位不能夠按照要求接收本環節工作成果的情況。如果 A 崗位不按照要求接收上游工作成果，但是其上游環節負責人又不上報問題，那麼就按照上游環節沒有按規定完成其自身任務處理。下游環節負責人需要及時上報 A 崗位不能夠按照要求提供本環節需要的 A 崗位的工作成果的問題。如果因為 A 崗位違約造成其下游環節不能按規定完成本環節的工作，但是下游環節負責人沒有上報 A 崗位的違約情況，那麼 A 崗位不承擔任何責任。原則上來說，A 崗位負責人必須在第一時間通告本崗位不能夠按規定完成任務的情況，以便相關各方做好相應的準備。如果 A 崗位不提前通告問題而是由下游環節上報 A 崗位的問題，A 崗位的負責人應該受到更嚴厲的處罰。

實踐證明，上述工作流程中上下環節相互監督的制度是非常有效，甚至可能是最有效的發現操作層問題的機制。常言道：「事不關己，高高掛起。」上下游相互監督機制使上報問題與眾多員工的利益直接掛鉤，使得上報問題變得人人有責。在這種機制下，企業不僅有大量的問題發現者，而且上報同事的問題成為一件自然的、可以被普遍理解和接受的事情。有趣的是，這種機制並不見得像有些人擔心的那樣，一定會使同事之間的關係變得異常緊張、增加衝突。很多時候，雖然個別環節出現了問題，但是通過與上下游之間的有效溝通和合作，大家合力彌補這次失誤，反倒會促進彼此之間的友誼。

基礎層問題

很多企業在操作層出現的問題源於在基礎層出現的問題。例如，某企業的銷售額不僅達不到年年增長的銷售指標，反倒是逐年減少。企業制定了非常「慷慨」的銷售提成比例，換了好幾個銷售總監也無濟於事。最後企業在外部諮詢顧問的協助下對績效進行了分析，發現企業產品在逐漸喪失競爭優勢，同時內部不合理的工作流程致使企業不能夠對客戶的抱怨及時做出反應，客戶流失率很大，重複購買的比例非常小。雖然競爭對手的銷售隊伍不是最出色的，但是由於他們的產品有價格優勢，而且售後服務及時周到，老客戶不僅重複採購，而且還推薦新客戶購買。

下面是一些典型的基礎層問題：

●市場問題

（1）目標市場出現萎縮。

（2）目標客戶需求轉變。

●競爭對手問題

（1）出現新的、強有力的競爭對手。

（2）主要競爭對手獲得大量資金注入，開始採取非常有效的低價競爭策略。

（3）兩家主要的競爭對手合併。

●資金與能力問題

（1）本公司現金流可能會比原來估計的數量大幅度減少。

（2）技術開發人員沒有能夠按照計劃開發出新產品。

●政策法規問題

國家新政策出抬，不利於本行業發展。

●替代性技術和產品問題

（1）新的技術可能代替本公司現有的產品。

（2）市場上出現本公司產品的替代品，完全可以滿足消費者需求，而且價格更低。

● 組織架構、工作流程和工作崗位設計不合理

（1）沒有科學的決策和管理機制，老板「一言堂」，一把抓。

（2）公司組織架構臃腫重疊，職責不清，效率低下。

（3）沒有明確的工作流程。

（4）工作崗位工作量分配不合理。

（5）提供的工具和其他資源無法保證正常工作。

● 薪酬、獎勵機制等政策問題

（1）獎懲制度達不到獎優罰劣的效果，反倒鼓勵大鍋飯和造假行為。

（2）沒有客觀的績效考核指標，職位升降實際靠的是關鍵人物的印象和私人關係。

● 戰略問題

（1）企業戰略本身有問題，在錯誤的時間用錯誤的產品進入了錯誤的市場。

（2）對本公司的能力估計過高，設定的目標難以實現。

● 產品及服務問題

（1）產品無法滿足客戶需求。

（2）與競爭對手的產品相比，沒有競爭力。

不難看出，上面這些問題都具有很強的破壞性，任何一個問題都可以動搖甚至毀滅企業生存和發展的根基。但是，發現這些問題、確認這些問題卻很難。

有些問題是企業最高層決策的問題。既然是企業最高層的問題，那麼企業中誰能夠發現這個問題呢？最關鍵的是，即使有人發現了這些問題，誰有膽量指出這些問題呢？向誰指出這些問題呢？結果是，大家三緘其口，避實擊虛，迴避這些問題，去「解決」那些不痛不癢的問題。

企業中很多問題糾纏在一起，影響人們的判斷。比如說，公司有一些銷售人員反應本公司產品不能滿足客戶需求，而且沒有競爭力。而公司對這些銷售人員的管理上也存在不足，銷售人員的能力有待加強。在這種情況下，會有多

少人相信這些銷售人員反應的公司產品的問題呢？又有多少人會覺得反應的產品問題其實是銷售人員在為他們達不到業績指標而找借口呢？

一些基礎層的問題本身就會引發更多的派生性問題，而這些派生性問題會吸引、分散企業管理層的注意力，成為關注的重點。例如，公司組織架構和獎懲機制有問題，造成公司的員工工作不積極，甚至消極怠工的問題。同時，公司也出現了一些人際衝突。公司管理層會把這些派生問題作為重點解決的問題，方案是解雇一些員工，提供「我不再抱怨」和團隊合作、有效溝通的培訓等。

基礎性問題往往涉及面比較廣，搜集信息並對其進行綜合分析難度很大。對這些問題進行診斷，需要多項分析，包括但不限於企業目標合理性分析、市場分析、客戶分析、競爭分析、價值鏈分析、企業架構和流程分析、企業管理政策分析、企業資源分析、能力評估和宏觀環境分析等。有時候，企業不僅要對過去發生的事情進行歸納分析，對現狀進行評估，還要對未來進行預測。

為了完成上述分析，企業需要搜集大量的信息，包括但不限於競爭對手信息、客戶信息、供應商信息、替代本公司產品的技術和產品信息、政策法規信息、經濟環境信息、與本公司業務相關的自然環境和資源信息、目標市場信息、本公司資源與能力信息、本公司產品信息、本公司內部營運信息（工作流程及其績效、部門及人員績效、員工流失率、滿意度、敬業度，財務信息等）。可以看出，這些信息不僅涉及公司內部、外部多個行為主體，而且橫跨多個專業領域和不同的時間段。搜集到這些海量信息已經是很大的挑戰了，而確保這些信息的客觀性更是增加了挑戰的強度。

對這些信息進行分析，找出企業的基礎問題所在，需要決策者具備豐富的企業綜合管理知識和經驗、深厚的行業背景、懂得涉及的專業技術和知識，並且具有很強的綜合分析能力。很多企業雖然有一些專業人士，但他們基本上是某一領域的負責人，能夠對整個企業進行綜合分析的人少之又少。

企業中會有內部勢力阻撓對某些基礎層問題的診斷。對某些問題診斷時，可能會傷害某些部門和個人的利益，因此遭到他們的抵制。例如，企業確定某

種新興的技術替代現有的技術會使很多人失去工作。這些人會搜集各種各樣的數據和信息來證明現有技術及其產品會有很強的生命力，而新興技術替代現有技術的可能性微乎其微。

有些問題的發生，如政策法規的變化、競爭對手的變化、供應商的變化以及其他企業生存環境的變化是沒有規律可循的。企業必須經常性地、系統地關注和搜集這方面的信息，並且對其進行系統性分析，才有可能在事發之前獲得一些蛛絲馬跡。

針對上述這些基礎層問題的特點以及操作層與基礎層問題之間的關聯性，企業有必要建立專門的機構來發現基礎層問題，並且對企業內部的各項決策進行綜合管理。我將這個部門命名為「決策管理部」。這個部門應該具有下面的特點：

●超脫性

決策管理部應該獨立於其他業務部門之外，並且不做任何業務決策。

●全局性

決策管理部必須掌握企業內部、外部的所有相關信息。

●「高能」性

決策管理部需要具備豐富的行業知識和經驗，能夠覆蓋企業的各個專業領域，同時要擁有決策管理、系統和流程管理的知識與經驗，並且要具備很強的分析和溝通能力。

決策管理部職責如下：

●定期搜集、整理、分析企業內部和外部決策事務相關的信息

決策管理部首先需要組織企業高層管理人員和外部相關人員，根據企業所處行業以及企業的特性，共同確定影響企業高效營運的主要因素、企業容易出現問題的地方以及對企業營運進行診斷分析所需要的信息。然後，決策管理部要建立企業外部、內部狀況掃描機制，定期搜集信息，並且進行整理和分析。

●及時發現和提出基礎層問題

決策管理部需要定期組織企業高層和外部相關人員對企業有關基礎層的各種決策進行反省、分析，同時根據搜集到的信息提出基礎層可能或已經出現的問題。

●擔任企業基礎層問題的決策協調員

決策管理部需要對發現的基礎層問題進行初步分析，提請企業高層決策人員對之進行決策。

●擔任企業層級的有關機會的決策協調員

決策管理部需要對發現的機會（包括潛在機會）進行初步分析，組織相關人員進一步跟進。

●監督相關人員，確保操作層問題得到及時解決

決策管理部需要關注操作層問題及其解決過程，確保操作層問題不演變升級，影響企業整體高效營運。

●對公司決策進行管理

（1）決策管理部需要制定、維護公司決策管理制度和流程。

（2）決策管理部需要監察決策管理制度的實施情況。

（3）決策管理部需要組織公司對過去的決策進行反省學習。

（4）決策管理部需要維護企業決策信息數據庫。

●組織利用「外腦」補充企業決策能力

很顯然，對一些企業來說，將具備完成上述任務的能力的人員聚集在一個獨立的部門是比較有挑戰性的事情，尤其是對很多本來就缺乏人才的中小企業來說更是難上加難。

充分利用「外腦」是解決這個難題比較好的方案。企業只需要指定一個決策管理部的負責人和少數工作人員，由他們來組織企業內部和外部人員組成實現特定目的委員會、工作組，完成決策管理部的工作。利用「外腦」對企業來說有很多益處。

（1）「外腦」不受企業內部層級關係的影響，能夠保持客觀性。

（2）「外腦」能夠對企業的「內腦」起到監督、提醒的作用。當人的大腦出現問題時，他可能無法判斷自己的問題，需要由身邊的人幫助他安排就醫。同理，當企業的「大腦」──最高決策層出現認識偏差、決策機制缺陷等問題時，「外腦」能夠給予「內腦」及時的反饋，敲響警鐘。

（3）「外腦」能夠擴大企業的信息源。

（4）「外腦」可以幫助企業從更多的視角看問題。

（5）「外腦」的資源很豐富，可以說是取之不盡，用之不竭的。企業可以根據自己的需要，靈活組合外部資源。

我們還將在本書第八章「建立雙環組織」中詳細探討利用外部資源的話題。

發現決策事務後，發現人需用固定的格式將信息提交給決策事務協調員。決策事務協調員的任務就是對決策事務進行澄清、確認、初步分析，與其他相關聯決策進行整合，最後指定決策牽頭人。之所以使用固定的格式提交決策事務，是為了防止發現人遺漏關鍵信息，也方便協調員對信息進行快速整理分類，提高溝通效率（表 4-2～表 4-4 是決策事務信息表的三個樣本）。

至於誰是決策事務協調員，我們在後面詳細討論。

表 4-2　　　　　　　　　當前問題信息表

問題	名稱	
	編號	
提交人	名稱	
	部門	
	職務	
提交日期	日期	
接收人	姓名	
	部門	
	職務	

表4-2(續)

提交日期	日期	
問題症狀	現象描述	
	發生時間	
	發生地點	
	涉及部門	
	涉及人員	
趨勢	發展趨勢	
影響	已造成影響	
	未來影響	
原因	可能原因	
建議	建議內容	
其他	其他	

表 4-3　　　　　　　　　　當前問題信息表

問題	名稱	
	編號	
提交人	名稱	
	部門	
	職務	
提交日期	日期	
接收人	姓名	
	部門	
	職務	
問題原因	原因描述	
	原因出現時間	
	原因出現地點	

表4-3(續)

潛在影響	潛在問題描述	
	可能發生的時間	
	可能發生的地點	
	涉及部門或人員	
	可能的影響	
建議	建議內容	
其他	其他	

表 4-4　　　　　　　　　　機會信息表

機會	名稱	
	編號	
提交人	姓名	
	部門	
	職務	
提交日期	日期	
接收人	姓名	
	部門	
	職務	
機會描述	機會描述	
	發生時間	
	發生地點	
	所涉及外部各方	
	所涉及內部部門或人員	
收益	對公司可能的益處	
建議	建議內容	
其他	其他	

需要強調的是，決策事務提交責任人必須在第一時間提交自己發現的事

務，無論其他責任人是否已經提交了該決策事務。之所以需要強調這一點，是因為企業的業務是各個環節相互關聯的整體，一個崗位出現問題，可能引發一系列的問題，一個小問題可能最終演變成大問題甚至災難。指定多名決策事務提交責任人反應問題，有助於決策協調員從不同的角度分析該事務，並且避免漏報事務的情況。

對決策事務進行分析、整合，並確定優先級

本環節主要工作如圖 4-3 所示。

完善決策事務訊息 ⇒ 初步定義和整合 ⇒ 確定優先級

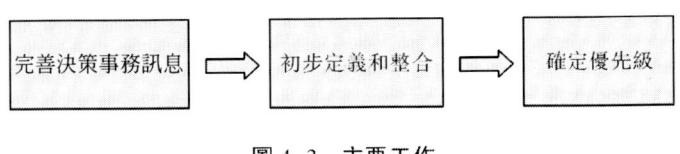

圖 4-3　主要工作

1. 完善決策事務信息

在此環節，協調員首先要對提交的決策事務進行初步確認和澄清，並書面將決策事務描述清楚，便於以後相關各方溝通交流。

2. 初步定義和整合

這一步驟的目的如下：

第一、確定該決策事務是否需要決策。

第二、如需決策，檢查該決策事務是否與公司其他決策事務存在關聯性，如針對同一問題、使用同樣的資源、相互矛盾以及源於相同的原因。如果存在關聯性，需要對這些決策事務進行協調處理，如合併、撤銷和共享資源。

在本階段，主要是大致分析問題對企業目前的影響和對企業未來的影響以及該問題與企業其他待決策事務的關聯性，並且對該問題的原因做初步的猜測和判斷。

（1）影響分析。影響分析需要對問題的影響範圍和程度做出判斷。

●當前影響範圍和程度

該問題目前影響的是企業的哪個層面？基礎層、操作層還是二者都有？影

響哪些內部和外部組織（部門、公司、團體）以及個人？影響哪些工作流程？影響程度如何？

●未來影響範圍和程度

該問題演化速度和趨勢如何？如果不採取任何措施，其未來會影響哪個層面？影響哪些內部和外部組織（部門、公司、團體）以及個人？影響哪些工作流程？影響程度如何？

決策協調員根據上述問題的答案，確定該問題是否需要決策。如果需要決策，要確定緊急程度如何，大致應該在什麼時候做出決策。

（2）原因分析。此階段只需要對問題的原因有一個大體的估計，用來判斷解決方案可能會涉及的部門，以確定決策牽頭人。我們會在第五章「決策過程管理」詳細探討原因分析。

（3）關聯性分析。關聯性分析的目的是使公司避免做出重複的決策、相互矛盾的決策，盡可能充分、合理地利用資源（包括決策者的時間、精力、信息以及其他資源），按照優先級有序地進行決策。

相互關聯的問題主要有下面幾種類型：

●同根型

同根型指的是問題雖然症狀不同，但源於相同的原因。比如說，「公司員工離職率高」和「員工工作效率低」這兩個問題都是由公司績效考核制度不合理造成的。

●重複型

同一個問題被不同的人重複提交。

●資源共享型

對不同的問題決策時，用到相同的資源，如市場調研報告和外部專家等。

●矛盾型

兩個問題，相互矛盾。例如，一個問題是「財務部人手不足」，而另一個問題是「財務部冗員太多」。

相互關聯的機會主要有三種類型。除了前後提到的重複型和資源共享型以

外，還有一種是同域型，也就是機會發生於同一個領域，如技術領域、銷售領域。

（4）整合決策事務。決策事務協調員要對不同關聯類型的決策事務進行整合，避免重複決策、相互矛盾決策，並且促進資源共享。

同根型的問題既然同根，那麼解決了「根」的問題，所有的問題自然也就都解決了。因此，同根型問題可以合併為一個問題。

重複型問題最好處理，即協調員告知後提交問題的員工該問題已經被提交了，並表示感謝就可以了。

在初步分析階段，決策事務協調員可能無法準確地判斷資源共享型問題。在決策團隊對決策事務進行詳細分析並確定了所需資源後，協調員可以協助相關人員對資源進行統籌安排。如果企業存有各個決策的信息，記錄了這些決策所用資源的話，那麼決策團隊可以查詢記錄，使用這些資源，避免浪費。

對於矛盾型問題，首先要確定到底哪個是真正的問題，或者重新定義問題。很顯然，問題提交者是從不同的角度看同一個事務的。協調員可以有兩個選擇：一是自己對問題進行澄清，重新定義，這種做法比較耗時；二是將相互矛盾的問題交給同一個決策牽頭人，由其主導為問題重新定義。選擇哪種做法取決於協調員的時間、能力、對問題涉及領域的熟悉程度以及協調員的資歷等條件。

（5）機會分析。機會分析的思路與問題分析的思路大體相同。在初步分析階段，協調員主要完成三個任務：一是要對提交的內容進行澄清、完善，確保機會描述內容清楚、準確；二是整合提交內容；三是判斷該機會的涉及範圍和影響程度。如果對該機會進行深入研究，誰的知識、經驗、能力和職權使其更適合做決策牽頭人。

3. 確定優先級

這是指根據決策事務對企業的影響範圍、程度、時限等，為決策事務設定優先級和處理的先後順序。決策事務影響的範圍和程度越大，級別也就越高，越要優先處理。這有助於企業高效利用自己最稀缺的資源——決策者的時間和

精力，使決策者將注意力集中在正確的事務上，同時也會避免資源浪費和不同小組之間的相互干擾甚至衝突的行動。

誰來擔任決策協調員

對於基礎層問題和機會，前面提到的決策管理部是理想的決策協調員。企業要明確告知所有員工，但凡涉及企業的「基礎設置」（外部環境變化、企業目標、組織架構、工作流程、工作崗位設計、績效考核、獎懲政策、發展機會等）的問題，員工都可以向決策管理部指定的決策協調員反應。

操作層問題有兩類，一類是暫時性問題。這類問題主要是由於一些意外情況或個人疏忽造成的，暫時不能夠按計劃完成任務的情況。這類問題的決策協調員由該任務執行人的直接主管擔任。另一類是長期性的問題，主要是由於任務執行者個人的能力、態度，或者是崗位設置等原因造成的，執行者長期不能夠按照計劃完成指定任務的情況。對於這種問題，應由該執行人的直接主管（一級主管）的上一級主管（二級主管）做決策協調員。之所以由二級主管，而不是一級主管做這類問題的決策協調員，主要是要考慮有時候員工的問題往往是由其一級主管造成的。二級主管作為決策協調員，可以避免由「肇事方」處理其自己引發的事故的情況。

在大多數企業中，員工反應問題只有一個渠道，那就是他們的主管上級。而有些問題恰恰是這些主管上級造成的，因此很多員工選擇了隱忍不報。有的員工即使反應問題，其結果往往是石沉大海，甚至遭到報復。有些員工和主管私人關係較好，而且個人溝通能力較強，他們會選擇採用私下的，或者是溫和隱晦的方式與主管交流問題。即使是這樣，主管由於個人能力的限制，也不見得能夠意識到問題並解決問題。有些員工越級反應問題，也是懷著「魚死網破」的心態，做好了辭職的打算。將二級主管正式指定為決策協調員，可以讓員工有一個「堂而皇之」地「展現」一級主管問題的渠道。

無論是暫時性的問題，還是長期性的問題，如果涉及某個工作流程，那麼問題發現人必須及時通報流程負責人。流程負責人進而可以及時分析該問題對

整個工作流程的、跨部門的影響，並採取預防性措施。比如說，某個產線出現了問題，其不僅僅會影響整個車間的產出，也會給物流部門、銷售部門甚至財務部門的工作造成影響。如果這些部門能夠被及時告知問題，及早採取措施以減少該問題造成的負面影響，會大大降低企業整體的損失，降低局部問題演變為企業整體問題的概率。

需要強調的是，有時候操作層的問題，尤其是重複出現的問題，僅僅是基礎層問題的表象。決策管理部有必要掌握操作層問題的信息，決定是否對某一個或某一類問題進行「深挖」，以便在基礎層找到問題的癥結所在。

指定決策牽頭人

根據上述分析的結果，協調員與適當層級領導協商，指定決策事務的決策牽頭人。

決策牽頭人的任務是協調、組織各方資源，高效地完成從組建決策團隊到對決策結果進行評估的所有環節。決策牽頭人對決策的質量和效率有很大的影響。

第五章
決策過程管理

無論是教員工學習新技能，還是督促員工完成某項具體的工作任務，企業主要管控的，要求員工關注的，都是做這些事情的過程。過程正確了，結果也就八九不離十了。但是，似乎「決策」這個非常重要的活動屬於例外：很多人忽略了對決策的過程的管理，而只是關注決策的結果。

　　如本書第一章所述，在做決策的過程當中，尤其是複雜的決策，決策人員需要執行很多不同性質的行動，做出很多判斷。完成這些任務所需的技能、信息和工作方法都不相同。但是，這些活動又是相互關聯的。任何一個行動或環節有問題，都會直接影響決策的其他行動，最終影響決策的質量。

　　人類大腦的系統2（理性思考）是比較懶惰的，而且非常容易受到系統1（感覺）的影響。決策過程管理的缺失使人們對非理性的系統1的引導不做任何「干預」，做出非理性的決策，並且使企業內部的溝通和交流舉步維艱。在很多企業中，每個人決策的過程對其他人來說都是個「暗箱」。人們使用各自的方法得出結論，然後就「推廣」這個結論。由於人們的經驗、看問題的角度、使用的信息、表達的方式和語言不同，人們經常是各說各話、雞同鴨講，交流的難度和成本都很高。再加上人們的自尊以及政治等因素的影響，人們之間的探討往往演變為對各自結論的「辯護」和對對方結論的「攻擊」。企業即便是想解決這些問題，但是苦於沒有統一的標準和溝通語言，也是無從下手，甚至出現越管越亂的現象。

　　決策過程管理，就是為企業決策過程的各個環節設定明確的標準，指導員工遵循這些標準完成各個環節的工作，並按照同樣的標準對每個決策的過程進行檢驗。符合標準的要求迫使人們激活自己大腦的系統2，更加理性地處理決策過程中的各種事務，大大增加決策的客觀性。

　　決策過程管理有四個要點：決策程序化、決策邏輯模板化、議事規範化和決策檢驗制度化。

決策程序化

　　決策程序化，就是要求各個層級的決策者按照相對固定的流程進行決策。

下例是一個企業決策通用流程：

(1) 建立決策團隊，確定初步工作計劃。

(2) 確定決策目標。

(3) 開發備選方案。

(4) 確定最終方案和方案執行負責人。

(5) 確定決策方案執行計劃和決策追蹤計劃。

(6) 執行決策方案，追蹤執行情況，適時調整決策。

(7) 決策評估。

決策程序化有助於決策者把握各個環節的重點，根據各個環節的特點合理分配人力和其他資源，管控各個環節的工作質量，確保一個環節的問題不影響後續環節。決策程序化使決策管理和所有相關人員可以清楚地瞭解每個決策進展到了什麼階段、是否符合標準、需要什麼資源、下一步行動計劃等，幫助企業對各項決策行為進行總體的協調和管控。決策程序化使人們更容易從過去的決策中總結經驗教訓。通過反省決策的各個環節，決策者可以知道自己的決策在哪些地方出了問題，從而避免再犯同樣的錯誤。

下面，我們對決策流程各環節進行更詳細的探討。

1. 建立決策團隊，確定工作計劃

在本環節，決策人員需要完成的工作成果包括：合適的決策團隊核心成員、決策團隊成員相互瞭解、初步工作計劃以及決策團隊議事規則和決策機制。

(1) 確定團隊成員。決策牽頭人根據決策事務涉及的範圍和領域，確定核心決策團隊成員。當然，如果決策比較簡單，不需要多人參與，那麼決策牽頭人就可以是決策團隊唯一的成員。本書第六章「決策人員管理」會詳細探討選擇團隊成員的標準，在此不再贅述。

(2) 團隊成員相互瞭解。決策牽頭人對決策團隊成員的深入瞭解是其組建合格的決策團隊的必要條件。決策團隊成員之間相互瞭解能夠大大增強溝通和工作效率。因此，決策牽頭人在組建團隊前就要對所選隊員進行深入的瞭

解，包括其當前職務、責權範圍、工作經驗、擅長領域，甚至是個人風格。團隊形成後，牽頭人要創造條件，使團隊成員之間相互瞭解。雖然團隊成員都可以就決策相關的事務發表見解，但是每個人都有各自的特長，決策牽頭人需要事先告知團隊成員希望他們著重發揮作用的領域，以便他們有所準備。決策牽頭人也有必要將此安排及團隊成員的大致背景告知其他團隊成員，並安排一些必要的活動以便大家相互瞭解和溝通。如表 5-1 所示的決策團隊成員表可以作為一個溝通工具。

表 5-1　　　　　　　　　　　決策團隊成員表

成員姓名	所屬公司、部門	職務	本團隊專注領域（職責）	個人背景簡介
王黎明	總部規劃部	部長	決策牽頭人	10 年總部規劃部……
萬策成	東方汽車製造廠	生產部長	客戶代表	東方廠生產部長 2 年……
×××	×××	×××	×××	×××

（3）確定決策團隊議事規則和決策機制。在決策過程中，決策團隊需要對很多事務做出判斷。決策團隊需要事先制定出團隊的議事和決策規則。決策團隊是一種任務小組，其議事規則和決策機制可以參考本章「常用群體議事形式和規則」部分，根據實際情況設定。團隊議事和決策規則要符合下列要求：

● 完整性

規則需要對團隊議事和決策過程中的重要事項做出明確的規定，包括但不限於提出議題、獲得發言權、發言時間、發言順序、團隊成員角色、表決方法以及規則的修改等。

● 全員參與性

規則要能夠保證所有決策團隊成員都可以適當地參與到團隊討論和決策中來。

● 討論的充分性

規則能夠保證團隊成員對議題進行徹底的討論，每個成員能夠充分表達自

己的見解。

●成員平等性

規則能夠保證團隊成員的在團隊議事和決策過程中的平等地位。

●高效性

規則能夠使團隊在保證質量的情況下，使用最短的時間完成議事和決策工作。

（4）制訂工作計劃。決策團隊的初步工作計劃可分為兩部分：一是確定最終決策方案的目標時間。由於決策團隊還沒有對決策事務進行詳細分析，這個目標時間是一個大體的估計。決策團隊需要根據決策分析的結果和後續工作的進展情況對此進行調整。二是下一步工作，即「確定決策目標和備選方案搜集計劃」的詳細工作計劃。工作計劃包括團隊成員的任務分工以及完成任務的時間表。團隊可以把任務分解成容易估計工作量和時間的若干小的步驟，再把各個步驟所需時間進行累加，最後確定計劃時長。

決策團隊在每個決策環節結束後都要制訂下一個環節的工作計劃，並根據實際進展情況對最終完成決策的時間表進行調整。本書就不在下面每個環節的討論中重複這個任務了。

2. 確定決策目標

在此環節，決策團隊分析決策事務，完成以下兩項工作成果：

（1）決策目標。決策目標是指確定真正要處理的問題、處理後要獲得的結果以及產生此結果需要滿足的前提條件。決策目標包括必須實現的目標和最好實現的目標兩部分。必須實現的目標是「底線」，必須達到；最好實現的目標是錦上添花，越多越好。區分必須實現的目標和最好實現的目標有助於決策團隊和解決方案實施者分清主次，抓住重點，避免眉毛胡子一把抓；同時，也便於決策團隊為決策目標設定適當的前提條件。

為決策目標設定前提條件，就是要說明目標在滿足什麼樣的條件下被實現才有意義。如果決策團隊設定的目標是「為公司節約 200 萬元的成本」，而沒有設定任何條件，那麼公司解雇幾個薪水比較高的技術人員和管理人員，就可

以實現這個目標。但是，這對公司的發展可能是弊大於利的，是不合理的。為這個目標設定一些限制條件，如「在不損害公司核心能力的情況下」，這個目標就合理了。

（2）備選方案選擇標準。備選方案是指可供選擇的，預計能夠實現決策目標的行動方案。決策團隊需要根據決策目標設定備選方案需要滿足的條件，包括必須滿足的條件和最好滿足的條件。必須滿足的條件，顧名思義，就是只要解決方案不滿足其中任何一條，就算不合格。必須滿足的條件至少要能夠實現決策目標中的「必須實現的目標」，還可以包含對方案本身的一些要求，如數據詳實、邏輯清晰合理等。最好滿足的條件與決策目標中「最好實現的目標」相對應，是加分項，滿足得越多越好。

3. 決策事務分析

對決策事務進行分析的目的就是確定最終要處理什麼及決策目標。決策事務分析的質量在很大程度上決定決策目標和備選方案選擇標準的合理性，最終影響決策的質量。因此，需要對決策事務分析過程進行嚴格把控。

（1）當前問題分析。當前問題分析包括下列內容：

●確認問題症狀

決策團隊需要全面地瞭解問題症狀，並用文字準確、清楚地表述出來。描述的內容包括問題的症狀、發生的時間和地點（部門）、涉及的人員、造成損害的範圍和程度等。

●找出問題的起因，並對其進行分析

決策團隊需要遵循「窮盡、檢驗、深究、排序」八字方針完成這個環節的任務。

第一，窮盡。在企業中，造成某一問題的原因可能不止一個。例如，競爭產品的優勢、競爭對手的促銷策略、公司銷售管理不善和市場推廣不利這些因素的組合造成了公司的銷售業績不佳。因此，決策團隊需要盡可能把產生問題的原因都找出來，達到「窮盡」的效果。

第二，檢驗。決策團隊需要檢驗、證實「因」與「果」之間的關係，要

利用所得數據和信息，通過一步步的邏輯推理、分析，檢驗「因」是否能夠解釋「果」的各個方面，如發生的時間、地點、範圍和程度等。真正的原因能夠「解釋」結果的各個方面。如果一個原因不能夠解釋結果的各個方面，那麼這個原因要麼不是真正的原因，要麼就不是唯一的原因。

A 公司 2018 年的銷售額不僅沒有實現年度目標，還比 2017 年的銷售額降低了 10%。銷售總監認為，競爭對手 M 公司在 2018 年將其產品售價在 2017 年的基礎上降低了 10%，這是造成銷售不佳的原因。真是如此嗎？決策團隊通過調研發現，M 公司是在 2017 年 6 月下調其價格的，而 A 公司在 2017 年第一季度的銷售額僅僅比 2016 年多 1%。從第二季度開始，A 公司的銷售額就開始低於 2016 年同期銷售額，6 月份以後下降的比例更是加大了一些。市場調研公司提供的客戶調研報告顯示，讓 50 名老客戶和 50 名新客戶在 M 公司與 A 公司的產品中進行選擇時，97% 的客戶表示不會僅僅因為 M 公司的產品降價 10% 就會首選其產品。在 A 公司現有客戶中，有 15 個客戶在 M 公司降價後購買了 M 公司的產品，但是這 15 個客戶的採購額加起來也只是占 A 公司 2017 銷售額的 1.7%。很顯然，M 公司下調產品售價這一原因，不能完全解釋 A 公司全年銷售額下降這個結果。它充其量只能解釋 2017 年 6 月以後 A 公司銷售額下降的部分事實，因此只能算作原因之一。決策團隊必須尋找其他的原因。

在一些情況下，可以通過「複製」問題和「反變化」的方式檢驗因果關係。例如，某公司的 A 生產線產出的產品廢品率突然增加。而機器設備等各方面與 A 都相同的 B 生產線卻沒有出現這個問題。除了操作人員不同，兩個生產線唯一不同之處就是 A 生產線從上個月開始使用與 B 生產線不同的新原料。那麼，是不是使用新原料是造成 A 生產線廢品率增加的原因呢？決策團隊可以讓 B 生產線也使用和 A 生產線同樣的新原料，看看是否會出現廢品率增加的情況，也可以讓 A 生產線停用新原料，恢復使用原來的原料，看看廢品率是否會恢復到原來的水準。哪個方法成本低、操作容易，就先選擇哪個方法。

第三，深究。深究，即更深入地瞭解造成問題的「原因」，明白是什麼造

成了這個「原因」。這個「原因」除了給企業帶來了正在分析的問題之外，還帶來了哪些影響？對這個「原因」，企業可以對其施加影響嗎？如何處理這個「原因」，才可以保留其正面效應，消除其負面作用？

第四，排序。企業要按照造成問題的嚴重程度，對找到的原因進行排序，分清楚哪些是主要原因，哪些是次要原因，做到主次分明。

●未來影響分析

除了要準確、全面地描述問題當前的症狀及其對企業造成的損害之外，決策團隊要在明確問題原因的基礎上做進一步分析：如果不處理問題，其演變趨勢和對企業未來的影響如何？從而判斷處理問題的緊急程度和優先級。

需要強調的是，企業是一個環環相扣的系統。一個環節出現問題，可能會影響相關聯的許多環節。對問題影響的分析不能僅僅局限於出現問題的部分以及其直接關聯的環節，而是要逐層推導，把所有流程環節受到的影響都要考慮在內，這樣才能夠看到問題對整個企業的、真實的影響。有的問題從局部來看甚至根本就不是問題，但是從企業全局來看就是大問題。本書第一章提到的多木公司的採購部每兩個月向供應商詢價，並向出價最低的供應商採購。對採購部來說這是個好策略，總是能夠以最低價格購買原料。但是從整個企業來看，這個策略給生產部門、技術部門帶來了巨大的額外成本和管理問題。

另外，一個「因」可能會有許多「果」。「因」的層次越深，產生的「果」會越多。H公司的銷售業績一直達不到老板設定的目標，銷售團隊從上到下走馬燈似地換人也無濟於事。諮詢顧問對H公司進行診斷後發現，該公司的產品根本沒有競爭優勢，不足以支撐老板設定的目標。而該公司為什麼堅持銷售這個產品，而且設定這麼高的目標呢？最後的結論是該公司的決策機制有問題。那麼，決策機制這個「因」又產生了哪些其他的「果」呢？可能包括組織機構的問題、獎懲機制的問題、人員選擇的問題、投資方向的問題……

因此，決策團隊在找到問題的原因之後，要「順藤摸瓜」，將這個「因」所能產生的結果都排查出來，一方面能夠清楚地瞭解企業真正問題帶來的影響，能夠將表層的諸多問題「一網打盡」；另一方面也有助於進一步驗證因果

關係。在《抉擇》一書中，作者伊芙拉・高德拉特・亞舒樂介紹了這種「預期效應」機制：

我們可以用以下方式來思考：基於 X 是 Y 的「因」同樣的邏輯，X 還會導致其他什麼「果」？如果我們能夠成功地提出不同的「果」(Z)，並證明它在現實中存在，我們在建立 X 為「因」上，就取得進展了。X 和 Z 的因果關係越強，X 是 Y 和 Z 的「因」的機會就越高。

● 定義決策問題與決策目標

根據上述分析的結果，決策團隊可以清楚地明白他們真正需要處理的是什麼問題；這個問題是屬於企業基礎層的問題，還是屬於企業操作層的問題；這個問題是諸多表面問題的「因」，還是某個深層次問題造成的「果」；這個問題與企業的哪些方面相關聯；這個問題當前和未來的危害範圍、程度如何；處理這個問題的緊迫程度如何。最終，決策團隊確定決策的目標及實現決策目標時需要滿足的前提條件。

（2）潛在問題分析。潛在問題之所以能夠被發現、提交，是因為能夠造成它的原因已經被發現了。因此，對潛在問題的分析從確認這個「原因」開始。

● 原因確認與分析

首先，決策團隊要搜集足夠多的信息，徹底、全面瞭解這個「原因」，並用書面文字準確地將其描述出來。

然後，決策團隊需要對「原因」進行分析，明確下列內容：

第一，是什麼造成了這個「原因」？

第二，這個「原因」的發展趨勢如何？

第三，這個「原因」會給企業帶來怎樣的影響？

第四，這個「原因」帶來上述影響的概率（可能性）有多大？

第五，對這個「原因」，企業是否可以施加影響？

第六，如何應對這個「原因」及其後果，盡可能消除或降低其負面作用。

● 定義潛在問題

根據上述分析，對潛在問題加以描述和定義。其內容包括：

①問題症狀：問題顯現出來的現象、可能發生的時間、地點（部門）、涉及的人員。

②問題的影響：問題的影響範圍和層次（基礎層還是操作層）、影響程度、時間長短。

③問題發生的概率：這個問題發生的可能性有多大。

④到底需要處理什麼？

⑤處理問題的緊迫度如何。

● 設定決策目標

既然問題是「潛在」的，它還沒有發生，相對於處理當前問題，企業可以更主動，有更多的選項處理潛在問題。企業可以考慮採取下面的策略或其組合。

①消除問題。企業通過對可能造成問題的「原因」施加影響，甚至直接鏟除它，避免問題的發生。或者提前對企業的營運進行調整，企業不再成為這個「原因」的作用對象，使企業不再承擔其後果。

②降低損害。企業採取措施降低問題發生的可能性（概率）以及降低問題的影響範圍和程度，從而降低問題的損害。推遲問題發生的時間，讓企業有更多的時間做好準備，或者是等待其他條件的變化而消減問題的影響，也是降低損害的方法。

③轉移風險。企業通過購買保險、合夥等方式，與多方分擔風險。

（3）機會分析。

● 機會確認和描述

決策團隊需要全面、徹底地瞭解該機會，並用書面文字將其準確地表述出來。

● 匹配性分析

雖然機會可能給企業帶來可觀的收益，但是機會可能與企業的發展方向和

當前工作重點不一致，或者企業沒有足夠的資源來把握機會。在這種情況下，追求機會反倒會稀釋企業在當前業務上的投入，影響當前業務，使企業得不償失。做匹配性分析需要回答下面三個問題：

第一，這個機會與企業發展的方向一致嗎？

第二，這個機會是否與企業當前的工作重點一致？

第三，企業有足夠的資源來獲取和把握住這個機會嗎？

企業中最關鍵的資源是決策者的時間和精力。盲目追求過多的機會，攤薄決策者在各項事務上的注意力，使決策者不得不倉促做出不良決策，結果可能會使機會變成負擔，甚至是禍端，拖垮企業。

●收益分析

收益分析，一是需要分析這個機會能夠給企業帶來什麼樣的收益；二是需要分析為了把握住這個機會，企業必須投入資源的種類和數量；三是需要確認投入與收益比是否具有吸引力。

在計算投入的資源時，要把企業人員投入的時間和精力考慮進去。一方面，人員的時間和精力本身就是很寶貴的資源；另一方面，將這些資源投入到新的機會中去，會分散對原有業務的投入，可能會給原有業務帶來負面影響，這可能是一種高昂的成本。

瞭解收益的分配模式是非常必要的。有的機會是「贏家通吃」，在競爭中獲勝者幾乎享受所有的收益；有的機會是「來者有份」，參與者都有可能享受利益；有的機會是「先來者占優」，有的機會是「後來者有利」，還有的機會是「不分先來後到」。

「贏家通吃」和「先來者占優」類型的機會，競爭往往更激烈，對機會爭取者的風險也更大一些，但是對勝出者的回報也更大。

●相關方分析

相關方包括機會提供方、競爭對手、其他方。

機會提供方是指給予別人機會的機構或個人。對機會提供方進行分析，瞭解其提供機會的目的、真實需求和期望、與其他機會爭取者的關係等，有助於

企業有的放矢地安排資源和行動，提高得到機會的可能性。

並不是所有的機會都有明確的機構或個人提供方。例如，氣溫超常炎熱對空調企業來說是提高銷售額的好機會，而提供這個機會的是大自然。

企業應通過搜集和分析競爭對手信息，瞭解競爭對手的數量、其對機會的渴望程度、能力、資源狀況、與機會提供方的關係、競爭策略、優勢和劣勢等信息，從而制定合理的競爭策略。

其他方包括監管機構、合作夥伴、機會間接受益方等。企業需要瞭解其他方在此機會中的立場、利益訴求、與各方的關係等，便於分清敵友，避免暗礁，確定合理的策略。

● 可能性分析

根據上述分析，決策團隊可以大體估計本企業獲得機會的概率。

● 設定決策目標

決策團隊根據上述分析結果，確定決策目標和前提條件。

4. 開發備選方案

在本環節，決策團隊需完成的工作就是開發實現決策目標的備選方案。

在決策目標合理的情況下，備選方案越多，決策團隊選擇的餘地就越大，找到最佳方案的概率也就越大。在這個環節，企業中常見的問題是決策團隊思路不夠開闊。不僅僅是決策團隊在思考解決方案時思路不夠開闊，更關鍵的問題是決策團隊在思考「如何開發更多的解決方案」時思路不夠開闊。很多公司甚至沒有付出努力去開發備選方案，而是把注意力放在最容易獲得的幾個方案上。在這種情況下，不管選擇的方法多麼高超，做出的選擇多麼正確，都有可能做出次優的決策。

因此，決策團隊首先要討論「用什麼辦法開發最多的解決方案」這個問題，並且制訂切實可行的備選方案開發計劃。

備選方案開發計劃要明確備選方案的提交人（可以是決策團隊成員，也可是其他人員）、提交時間、提交內容及格式、方案接收負責人、與方案提交人的溝通方式、內容和工具等。如果需要使用頭腦風暴等集體活動的方式開發

備選方案，開發計劃要明確如何組織這些活動的細節，如活動負責人、使用器材與道具、場地、時間以及流程等。

需要指出的是，事實證明，傳統的集體頭腦風暴方式有很多弊端，如果組織、管理得不好，並不比個人工作更有效。在本章「議事規範化」內容中，我們會詳細探討集體議事的更有效的方法。

決策小組實施解決方案開發計劃。在方案提交人提交方案後，決策團隊完成下列工作：

第一，對各個方案進行整理，與提交人澄清表述模糊的地方或是請提交人對已提交的方案進行完善、補充。

第二，將收到的多個方案進行組合，生成新的方案，加入待挑選列表。

第三，確定備選方案。此環節採用「入門規則法」，即備選方案必須滿足備選方案選擇條件中的必須滿足的條件，凡是不符合這一標準的方案，都屬於不合格方案，不能進入備選方案列表。

5. 確定最終決策方案

確定最終決策方案的流程和方法會因解決方案數量和決策方案內容的複雜程度不同而不同。此處主要探討從多個比較複雜的備選方案中遴選最終方案的流程和方法，我們稱之為「二步正反法」，也就是分兩步對方案進行評估：第一步從正面評估，第二步從負面評估。

第一步，根據各個方案的優點，從備選方案中確定重點分析對象。根據備選方案選擇條件（必須滿足的條件和最好滿足的條件），將所有備選方案排序，選擇最優的 2~3 個備選方案作為重點分析對象。

此處採用「附加值評定法」，也就是按照各個方案在滿足選擇條件之外能夠提供的附加值來挑選。具體做法如下：

（1）賦予各個備選方案選擇條件一定的權重，也就是按照各個條件的重要性將 100% 的權重分配給它們。

（2）按照每個方案在滿足各個條件之後能夠提供的額外價值的大小為其價值評分。分值從 0 到 5，具體如表 5-2 所示。

表 5-2　　　　　　　　　　　附加值評分表

附加值	分值
不滿足需求，無價值	0
不符合條件，但有一定價值	1
滿足條件，但沒有附加值	2
滿足條件，有一定附加值	3
滿足條件，且附加值較大	4
滿足條件，且附加值非常大	5

（3）用價值分乘以每個條件的權重，得到每個方案在每個條件上的價值分。接著，將每個方案在所有條件上的得分相加，得到每個方案的總得分。

（4）按照總得分從大到小排序，取前三名或前兩名作為重點分析對象。

為了方便看清每個方案帶來的附加值的程度，也便於溝通，可以計算一個附加值分數：

附加值分數＝總價值分－200

這裡的 200 是剛好滿足備選條件，沒有任何附加值的價值分。

例如，天河集團決定通過招標的方式選擇新的物流服務商，在保證服務質量的前提下至少降低 300 萬元的物流成本。物流公司 A、B、C 提交了方案，匯總如表 5-3 所示。

表 5-3　　　　　　　　　　天河集團項目評分表

條件			方案 A			方案 B			方案 C		
內容	性質	權重	內容	價值分	加權後價值分	內容	價值分	加權後價值分	內容	價值分	加權後價值分
至少節省 300 萬元物流費用	必須滿足	50	節省 350 萬元	3	150	節省 600 萬元	5	250	節省 450 萬元	4	200
至少 30% 車輛為自有	必須滿足	20	30%自有	2	40	45%自有	3	60	60%自有	4	80
項目關鍵崗位負責人至少有 3 年本崗位經驗，能力強	必須滿足	15	面談及背景調查	3	45	面談及背景調查	3	45	面談及背景調查	4	60
貨物動態能夠即時追蹤	必須滿足	10	能夠	2	20	能夠	2	20	能夠	2	20
雙方 IT 系統能夠在合同簽署一個月內對接，實現數據自動轉換交換	最好滿足	5	不能	0	0	2 個月內可以	1	5	1 個月內可以	2	10
合計		100		10	255		14	380		16	370
附加值					55			180			170

很顯然，方案 B 在滿足條件後帶來最多的附加值，方案 C 次之，相較之下方案 A 沒有什麼吸引力了，可以不必繼續分析它了。方案 B 和方案 C 成為重點分析對象。

第二步，對重點分析對象進行「弊端」分析。企業可以從兩個角度來考察方案的弊端，一是在該方案實施過程本身會碰到的問題，二是實施該方案可能給企業帶來的負面後果。

企業可以從下面幾個方面去考量備選方案實施過程中會碰到的問題：

● 複雜程度和難度

該方案本身的複雜程度和實施該方案的複雜程度以及難度越高，潛在問題就會越多，不確定性也會越高。

● 資源投入

實施該方案需要投入哪些資源？企業是否有足夠的資源？需要注意的是，除了資金、設備、物資等資源以外，企業的人力資本，尤其關鍵崗位人員的時間和精力必須被考慮進去，因為這些實際上是企業的稀缺資源。如果關鍵崗位人員的時間和精力分配不合理，會影響企業很多業務的質量，後果會很嚴重。資源投入越多，方案的吸引力就越小。

● 對執行人員素質要求

對執行人員素質要求越高，意味著方案的難度就越高，人力成本也就越高。

● 對不可控要素依賴性

不可控要素是指執行方不能控制的一些要素，如政府政策、無法實際控制的合作夥伴與供應商、自然環境等。對這些要素依賴程度越高，方案的不確定性就越高。

● 實施過程的非透明度

實施該方案的過程是不是清楚可見的，是不是可以被觀察和監督？有些方案是由企業的供應商實施的，企業往往無法真正瞭解實施過程，只有在結果出來後才被告知。這也增加了不確定性和風險。

● 關鍵實施人員的不穩定性

關鍵實施人員在實施過程中是否會發生變化？如果關鍵實施人員有可能發生比較頻繁的、非計劃性的更換，會增加實施的難度和不確定性。

● 關鍵實施人員的不可控性

方案實施責任方如果不能夠對關鍵實施人員的行為施加直接的、有力的影響，方案成功的概率會大打折扣。例如，已經決定跳槽的員工、方案實施結果與其個人績效評定沒關係的員工、與方案實施責任方有糾紛的承包商等，對這些人，誰能夠期待他們會盡心盡責地完成實施工作呢？

● 涉及範圍

實施方案涉及的範圍（地域、部門、組織層級、人員數量等）越大，實施難度就越大，變數也就越大。

● 效果檢驗時間

一個方案的效果，哪怕是階段性的效果，顯現的時間越短，就越容易判斷該方案的有效性，也就有越多的時間進行調整。見效時間越長，不確定性就越大，風險也就越高。

● 對未就位要素依賴性

如果實施方案需要的一些資源、工具、條件等不是現成的，需要獲取、開發，這會增加實施該方案的不確定性。對這些未就位的要素依賴越大，風險也就越大。

決策團隊可以根據方案在上述各項弊端的程度為其打分，可參考表5-4。

表5-4　　　　　　　　　　弊端評分表

程度	得分
沒有，或有一點但可以忽略	0
低	1
中	2
高	3

作為負面因素，上述任一項都可以直接「殺死」某個方案。例如，某個方案占用資源的程度已經高到企業無力提供了，那麼該方案可以直接被剔除。

對於沒有被直接「殺死」的其他方案，可以將各方案在上述各項所得分數進行匯總，得到該方案的總分，和其他方案做比較，得分低者獲勝。

讓我們回到天河集團的案例。決策團隊對方案 B 和方案 C 進行了重點分析。決策團隊發現方案 B 之所以能夠節省讓人興奮的 600 萬元，是因為 B 公司正在開發一個物流優化平臺，其平臺可以將會員商家的業務進行整合，並進行總體優化，通過規模效應、來回程車貨匹配、路線優化、集中倉儲等措施降低成本。現在，已經有 23 個商家有意向註冊這個平臺。由於該物流平臺需要信息的即時傳送和共享，因此需要對該公司的信息系統進行調整，和客戶系統對接的時間由於複雜度增加而延長。

C 公司並無什麼新鮮特別的概念，該公司相對來說業務規模大一些，自有車輛多一些，主要是靠加強日常管理提高效益。

決策團隊綜合各方面情況，給兩個方案做了如表 5-5 所示的評分。

表 5-5　　　　　　　　天河集團項目弊端評分表

考察項	方案 B	方案 C	備註
複雜程度、難度	3	1	方案 B 涉及軟件（平臺）、其他公司以及 IT 系統調整
資源投入	2	1	天河集團管理層需要組織公司人員對方案 B 優化方案的可行性做進一步調研；公司 IT 部門需要投入人力與其進行系統對接
對執行人員素質要求	3	2	除了物流運作以外，方案 B 需要高深的 IT 和統計學知識
對不可控要素依賴性	3	1	方案 B 的成功依賴於其他商家註冊為會員，23 家的意向並不代表最終這些商家會註冊。23 家之外的商家會不會註冊該平臺尚未可知。各商家貨源集中後是否能夠實現期望的車貨匹配、路線優化等帶來的費用降低無法預知
執行過程的非透明度	3	1	方案 B 的優化過程比較難以追蹤

表5-5(續)

考察項	方案 B	方案 C	備註
關鍵實施人員的不穩定性	1	1	
關鍵實施人員的不可控性	1	1	
涉及範圍	3	1	方案 B 涉及多個公司、物流操作和 IT 系統
效果檢驗時間	2	1	方案 B 的效果要等到該平臺運作一段時間後才可知道
對未就位要素依賴性	3	1	方案 B 主要依賴於優化平臺的開發和運作，該平臺尚未開發完成
合計	24	11	

從表 5-5 可以看出，其實不必比較兩個方案的總分，方案 B 獲得的幾個 3 分的考察項就足以致其於「死」地了。

6. 評估實施解決方案可能對企業帶來的負面後果

方案的實施會給企業帶來變化。這些變化除了帶給企業正面的收益，會帶來哪些「副作用」呢？可以考慮使用「影響樹」的方法來分析。首先，需要確定最初「動了什麼事物」和「動了誰」，然後分別分析這些變動引發的一系列人（包括組織）和事物的變動以及這些變動帶來的負面後果。實際上，企業決策中對事物的變化一般都會影響人，而人的變化往往也會引起事物的變化。

預測人的變化是非常難的。人的性格、家庭、教育、工作經歷、情緒、動機、利益、群體、境況等諸多因素交織在一起，影響人的行為。把這些因素都考慮進去分析人的行為變化幾乎是不可能的。好在商務環境本身使我們可以確定人們的主要目的是相同的，正如我們可以確定去商場的人的主要目的是購物和休閒一樣。因此，對人的分析可以集中在以下三個方面：

● 利益

利益不僅包括物質利益，也包括精神利益（如自我實現和獲得尊重的需求）。例如，如果將一個副總裁平級調動，薪水不變甚至增加一些，但是他的實權減少了，他可能會覺得「丟臉」，會失去大家的尊重，他的精神利益受

損,因此憤而辭職。

●境況

境況是指人員的經濟狀況(如物質狀況)和精神狀況(主要是對當前狀況的滿意程度)。一個家境殷實的富二代和一個靠著薪水勉強養家糊口的員工同時被解雇,他們的反應差別會很大。一個正滿意地享受當前位置的人和一個對當前工作牢騷滿腹的人同時被告知要換崗,他們的反應差別也會很大。

●群體

群體主要是指有共同利益或境況大體相同的人群。如果這個群體成員之間關係比較緊密,對其中部分人的改變可能會激起群體的反應。

通過上述分析,決策團隊可以大體判斷人對於變動可能的幾種反應,並且可以大致判斷一下各種反應的可能性的大小。同樣,決策團隊也可以判斷事物變化的幾種可能性。圖5-1是這種思路的圖形展示,其中的百分比代表的是這種情況出現的概率。

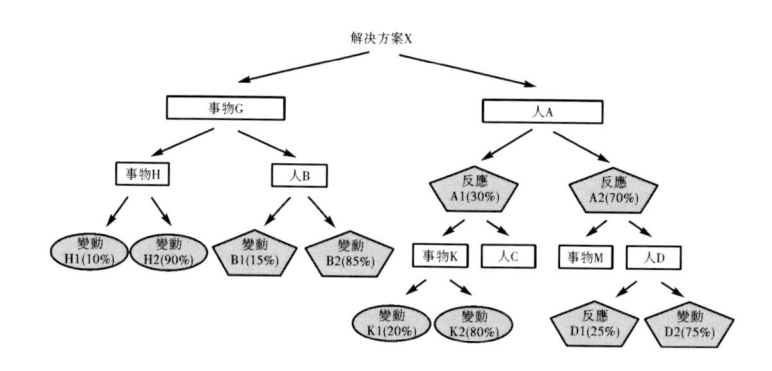

圖5-1　影響樹示例1

決策團隊將上述分析的結果匯總,將負面影響概括成幾類,匯總到圖5-2中,可以方便地進行比較了。

圖5-2中,「嚴重程度」用1~5分來表示,1代表輕微,2代表輕度,3代表中等,4代較重,5代表嚴重。方案排序是按照總體負面影響排序,總體負面影響最高的方案排位第一,依此類推。

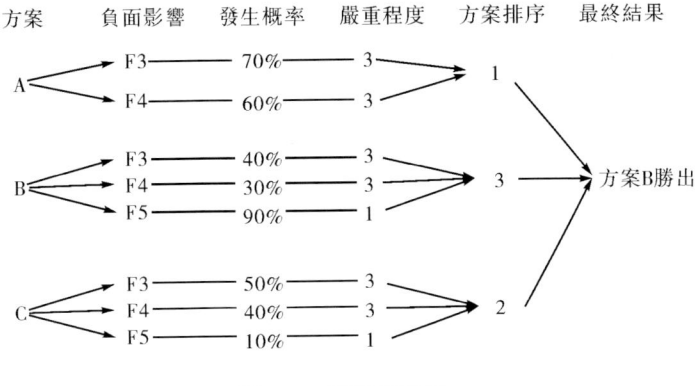

```
方案      負面影響    發生概率    嚴重程度    方案排序    最終結果

        ┌→ F3 ──── 70% ──── 3 ┐
  A ────┤                      ├──→ 1
        └→ F4 ──── 60% ──── 3 ┘

        ┌→ F3 ──── 40% ──── 3 ┐
  B ────┼→ F4 ──── 30% ──── 3 ├──→ 3 ──→ 方案B勝出
        └→ F5 ──── 90% ──── 1 ┘

        ┌→ F3 ──── 50% ──── 3 ┐
  C ────┼→ F4 ──── 40% ──── 3 ├──→ 2
        └→ F5 ──── 10% ──── 1 ┘
```

圖 5-2　影響樹示例 2

　　需要強調的是，用每個方案的總平均分（將每個負面影響的發生概率和嚴重程度相乘，得到的每個負面影響的得分，然後再將方案的所有的負面影響的得分相加得到方案的總平均分）為方案排序可能得出錯誤的排序。這是因為，如果方案中嚴重程度較輕的負面影響發生的概率高，會增加方案的總平均分。而這些嚴重程度較輕的負面影響往往是可以應對或接受的。這樣算出來的總平均分排序會誤導決策者（見表 5-6）。

表 5-6　　　　　　　　　　負面影響加權平均分

負面影響	嚴重程度	方案		
		A	B	C
F3	3	70%	40%	50%
F4	3	60%	30%	40%
F5	1	0	90%	10%
總分		3.9	3	2.8

　　方案 B 總分為 3，而方案 C 總分為 2.8，似乎方案 B 的負面影響要嚴重一些。但是，方案 B 在嚴重程度比較高的 F3 和 F4 上發生的概率都比方案 C 低，而嚴重程度僅為 1 的 F5 的發生概率為 90%，大大拉高了方案 B 的總分。

　　決策者可以將每個方案的每個負面影響的得分逐一比較，最後綜合考慮，得到方案的總排序。

把解決方案實施過程本身會碰到的問題和該方案可能對企業帶來的負面後果綜合起來，就得到了該方案的「弊端」的全貌。決策團隊再將方案的弊端與收益綜合考量，排出重點分析方案的順序，由最終決策者做出選擇。

上述過程假定決策團隊就是最終拍板人。有時候決策團隊的職能是提供決策建議，由最終拍板人決定最終方案。但是，無論是決策團隊和最終拍板人是否一致，都可以採用上述方法進行分析、判斷。

7. 確定決策方案執行計劃和決策追蹤計劃

決策團隊在此環節需要完成以下三項工作：確定方案執行負責人、制訂決策執行計劃、制訂決策追蹤計劃。

● 確定方案執行負責人

毫無疑問，解決方案的執行負責人是非常關鍵的。同一個方案，由不同的人負責，結果會不同。哪怕是執行負責人的「硬能力」（專業知識、經驗和技能）相同，個人的「軟能力」（人際交往和溝通、性格等）的不同也會使方案的執行結果大不相同。

我以前供職的一家世界500強公司曾經有一個著名的「二人轉」。公司有位拉斯先生（此處為化名），不拘小節，對細節沒有耐心，但是喜歡冒險，敢於並善於在不確定情況下做決斷。公司還有一位榮森先生（化名），注重細節、體系，而且頗有外交家風範。於是，公司就委派拉斯先生去開拓新興市場，待其打開局面後，再派榮森先生接替拉斯先生，對該市場進行深耕細作和體系化管理。二人先後做過印度、中國等市場的最高管理者。後來，拉斯先生被派去開拓非洲市場，而由於中國市場的重要性，榮森先生一直扎根在此，直至退休。

可以說，每個解決方案，都與上述案例中的不同時期的國家一樣，都有不同的特點，需要不同的執行負責人。本書會在第六章「決策人員管理」中詳細探討選擇執行負責人的方法。

● 制訂決策執行計劃

決策執行計劃最好是在執行負責人選定執行團隊關鍵人員，組成執行核心

團隊之後，由執行核心團隊與決策團隊成員共同制訂。

決策執行計劃應該包括下列內容。

（1）總計劃起始與終止時間。

（2）執行成功標準。

（3）所需資源及配給計劃。

（4）各階段起始、終止時間和工作內容。

（5）任務分工。

（6）質量和進度管控機制。

（7）獎懲機制。

（8）執行核心團隊議事和決策規則。

（9）執行團隊與決策團隊溝通機制。

（10）其他，如應急機制、冗餘時間和資源安排等。

●確定決策追蹤計劃

任何決策都是基於一些特定的前提條件和假設制定的。世界變化很快，而人們的認知是有限的。每一個決策都有可能很快失去其有效性。這是因為：

（1）決策賴以制定的前提條件和假設發生了變化。

（2）事實證明這些前提條件和假設不是真實的。

（3）事實證明決策團隊對這些前提條件和假設的認識有誤。

（4）執行團隊不能夠按計劃實施解決方案，要麼是執行團隊無能或失誤，要麼就是該解決方案本身不具有可操作性。

（5）決策團隊發現了更好的解決方案。

決策團隊需要根據最新的情況和認知去調整決策和決策執行計劃，甚至終止決策的執行。決策追蹤計劃，就是追蹤決策賴以制定的前提條件和假設的變動情況以及執行進程的計劃。

制定了一個決策，但是不對其進行追蹤，企業不能夠在最早時間發現錯誤決策，也不能夠在某個決策失效後及時對其調整，致使執行團隊依然執行失效的決策。另外，企業很難有效區分決策失誤與執行失誤。這些都會浪費企業有

限的寶貴資源，貽誤時機，引發一系列錯誤的決策。

制定決策追蹤計劃包含下列步驟。

（1）列舉決策的各項前提條件和假設。需要注意的是，有時候，有些決策的前提和假設是「隱形」的，或者是以「公理」的形式出現，具有很強的欺騙性。決策團隊需要將這些前提條件和假設都找出來。例如，某公司決定大大提高員工的加班補助，其根據是「滿意度高的員工會創造出好的業績」，這個根據似乎是個毋庸置疑的公理了。但是，美國的羅森威（Phil Rosenzweig）在他的《光環效應》一書中提到，馬里蘭大學的本杰明·施耐德（Benjamin Schneider）和他的同伴們用數年的數據證明，以資產收益和單股收益為標準衡量的財務業績對員工滿意度影響更大。為成功的公司工作的員工滿意度更高；而滿意度高的員工對公司業績的影響則沒有那麼強烈。換句話說，有可能是公司業績好是員工滿意度高的原因，而不是相反。另外，這個公司的決策還有一個隱形的假設，那就是「提高員工的加班補助能夠提升員工的滿意度」。真是這樣嗎？如果員工寧可休息也不去掙這加班費呢？讓員工不加班，有更多的時間休息，會不會更能提高員工的滿意度呢？

（2）列出決策執行計劃的關鍵節點，尤其是能夠展示解決方案實際效果的節點。

（3）明確對上述前提條件、假設和執行計劃關鍵節點進行追蹤的責任人、追蹤時間表以及向決策團隊提供的追蹤報告的內容和溝通方式等。

8. 實施決策執行計劃和追蹤計劃，適時調整執行計劃

決策團隊在此階段先完成下面三項工作成果：

（1）決策執行計劃實施結果。

（2）決策追蹤計劃實施結果。

（3）決策執行計劃調整結果。

本環節的第（1）項和第（2）項工作成果簡單明了，無須贅言。

當決策本身的有效性發生了變化時，決策團隊需要根據實際情況重新做決策，其流程和做一個新的決策是一樣的。企業在實踐中經常走入下面的誤區。

● 掩飾過去決策的失誤

人們這樣做有很多原因，除了個人的自尊心、虛榮心以外，很重要的原因是企業的追責機制。如果一個企業不問青紅皂白，只要某人的決策結果不理想就追究他的責任，那麼人們最自然的反應就是掩飾錯誤和推卸責任，而這種行為會使企業失去及時糾正錯誤的良機，而且可能會引發一系列錯誤的決策，帶來更大的危害。如果企業讓人們意識到決策失誤是正常的現象，要求決策團隊制訂詳細可行的決策追蹤計劃，鼓勵、督促人們及早發現失策之處，及時調整、懲罰不實施決策追蹤計劃的個人或團隊，那麼人們就會更勇於、樂於指出錯誤和改正錯誤。

● 不對情況做全面、徹底的重新評估

構成企業內外環境的要素是相互關聯的。如果一個決策方案確實是根據當時的實際情況制定的，那麼無論是因為哪種原因使其失去了有效性，企業的內部和外部情況都已經和當時決策團隊的認識有所不同了，甚至當時需要解決的問題本身也發生了變化。有的決策團隊由於圖省事，或者是出於維護當時決策的合理性的心理，或者是考慮到執行原決策投入的各項資源（這實際上是沉沒成本），不對情況做重新評估，只是在原來決策的基礎上修修補補，這本身就是一個錯誤的決策。

9. 決策評估

決策團隊和企業決策管理機構根據決策方案執行結果對決策的質量進行評估，並總結經驗教訓。本章「決策檢驗制度化」一節會對此話題做進一步探討。

決策邏輯模板化

決策邏輯模板化指的是按照事先設定的模板對決策事務進行分析。這些模板明確了必須考慮的各種要素、各種要素之間的關係以及分析的步驟。

我曾經提到，企業中需要決策的事務種類並不是很多。為各類決策事務設定模板，要求企業各層級決策者按照模板分析決策事務有很多益處。

首先，決策邏輯模板化能夠幫助決策者在決策時將必要的因素都考慮在內，而且清楚各種要素之間的關係以及行動的先後順序。

企業是由人、物等要素相互關聯組成的系統，企業內部的部門、小組甚至個人也是一個個子系統。企業是由客戶、自然環境、供應商、政府和競爭對手等多要素相互關聯組成的大系統的一部分。因此，企業決策涉及的各種分析必須以系統的理念為基礎，充分考慮四個方面：一是系統的目的（功用），二是系統的組成要素及各要素之間的連接與互動，三是系統作為整體與外部的連接和互動，四是在設定時間內系統內部、外部情況的演變、發展狀況和趨勢。

從我在過去 20 多年參與的各種決策事務分析的經驗和對 200 多家企業決策分析過程的總結來看，決策者在分析過程中經常遺漏需要考慮的要素，尤其是企業全局範圍內的各要素之間的關聯以及企業內部、外部因素相互作用和演變的趨勢。之所以出現這個問題，除了決策者故意忽視一些要素外，更多的是由於他們不知道需要考慮哪些要素。本書第一章中提到的多木公司、宏遠公司的案例中，員工根本不懂得企業各種要素之間的關係，不知道自己的決策會對公司其他部門造成哪些影響。

決策模板將決策者必須考慮的要素以及他們之間的關係清楚、明了地展示給決策者，決策者只需按圖索驥，按照規定的步驟進行分析即可。這可以大大減少決策者遺漏重要分析內容的錯誤。

其次，決策邏輯模板化能夠幫助決策者克服自身的局限。每個人有限的經驗、知識和獨特的個人偏好決定了人們對事務的瞭解是片面的。人們大腦天生的運作方式使人們更傾向於在直覺的引領下對事務做出迅速但簡單的判斷，甚至在信息不足的情況下也能自圓其說。決策邏輯模板化能夠開拓決策者的視野，激活他們的系統 2，迫使他們更理性地從多個角度去看待事務、理解事務。

分析的本質是「論證」——分析者通過對信息的思考，得出結論，並證實這個結論。分析必須符合正確的邏輯推理的要求。我們知道，如果想要得到正確的結論，一個論證必須滿足兩個基本的要求：一是前提必須是真實的、正

確的；二是論證是有效的，論證的結構是合理的。前提對於結論來說是充分的，能夠支持結論。這雖然是最簡單、最基本的標準，但是在很多企業的決策分析中卻達不到。

想想看，在做決策分析的過程中，有多少次我們把專家的觀點當成結論，而忽略了查實支持這些觀點的論據呢？當有人說「根據我的經驗，×××應該是這樣的」，我們是如何處理的呢？我們會請這位發言者詳細說明一下他根據的是什麼經驗，為什麼這些經驗能夠導致他得出「×××應該是這樣的」結論嗎？

這實際上是沒有分析前提，就盲目接受了一個結論。有的時候，分析人員把結論建立在一些似是而非的前提下。讓我們看看下面一些例子：

只要客戶對我們的產品滿意，就會再次購買我們的產品。

員工滿意度高，公司的生產力就高。

對公司局部有益的舉措，自然對公司整體有好處。

過去成功的做法在未來也會成功。

大客戶就是好客戶。

老闆對員工越慷慨，員工的工作效率就越高。

90後的消費者更喜歡個性化的產品。

在公司工作年頭越多，對公司的忠誠度越高。

群體決策總比個人決策水準高。

對別的公司有用的方法，對我們也會有用。

大公司所用的管理方法都是有效的、先進的。

公司所占的市場份額越大，就越能賺錢。

大多數人認可的就是對的。

一流的企業做出的產品也是一流的。

職務級別高的人肯定比級別低的人懂得多。

在會議上經常發言的人比不常發言的人懂得多、能力強。

上述命題要麼被實踐證明為錯誤的，要麼就是沒有得到證實。但是，很多企業不假思索地把這些論斷作為前提，據此分析問題、制定政策。

讓我們再看看下面這個論證：

一些××地方的人喜歡使用暴力解決問題，

小王是××地方的人，

因此小王也喜歡使用暴力解決問題。

如果讓人對上述論證做出判斷，人們肯定會非常迅速而且篤定地說這是個錯誤論證。但是，在企業中，卻經常出現類似下面這樣的決策：

決策1：

過去在咱們公司工作的幾個工商管理碩士（MBA）都表現出了很強的分析能力，

小張是MBA，

因此這個分析任務就交給小張吧。

決策2：

我經常在報紙上看見公司上市的報導，

看來上市很容易，

咱們應該謀求上市。

第三，決策邏輯模板化用文字、圖表等方式使原本不可見的人類思維「可視化」，不僅易於理解和學習，還使人們有了共同的溝通語言和工具，大大減少了交流的難度和成本。

第四，決策邏輯模板化是對決策時思維的「固化」。隨著時間的推移，決策者的認知發生變化，會用現在的理念對過去的決策做出解釋。另外，人們也會失去一些對過去發生的事情的記憶。這為對過去的決策進行反思和評估製造了巨大的障礙。決策邏輯模板化把過去的決策邏輯原封不動地保留下來，有利於決策者對決策進行客觀評估和反省。

需要指出的是，決策邏輯模板化不應該演化成決策邏輯僵化。決策邏輯模板體現的是模板設計者的管理理念。每一個模板都是對真實世界的簡化，都有一定的適用範圍和條件，也都有其優缺點。例如，布魯斯‧亨德森（Bruce Henderson）的增長率/市場份額組合規劃矩陣（BCG矩陣），根據經驗曲線和

產品生命週期理論，用相對市場份額和真實市場增長率兩個指標來比較多元化公司不同產品或戰略業務單元的情況，從而為處於不同地位的業務制定相應的策略。BCG 矩陣只將最重要的競爭對手作為對企業市場份額的威脅。當企業的業務單元處在一個行業集中度高、比較穩定的市場中時，用 BCG 矩陣來分析是比較適合的。但是，如果企業的某個業務單元處於一個行業集中度很低、競爭非常充分並且快速變動的市場時，企業就很難確定誰是最重要的競爭對手，BCG 矩陣就不是很適用了。當企業的兩個業務單元處於性質、發展階段完全不同的兩個行業，如一個處於比較穩定的、傳統的食品行業，而另一個處於新興的、變動比較大的互聯網行業，那麼使用 BCG 矩陣就要格外小心了，因為兩個行業的競爭規則可能完全不一樣，無法進行「公平」的比較。

企業應該鼓勵決策團隊對企業提供的決策邏輯模板提出意見和建議，根據實際情況進行修改和優化。決策團隊需要充分理解每個決策邏輯模板背後的理念及其適用範圍。在開始決策分析之前，決策團隊首先要分析哪種分析工具適用於他們需要處理的決策事務。如果企業提供的決策邏輯模板不適用，決策團隊需要尋找甚至開發合適的決策邏輯模板，在得到企業決策管理機構認可後使用。

另外，絕大多數決策邏輯模板都只是一些「框架」，在這些「框架」下依然留有很多空白之處。比如說，企業中常用的 SWOT（Strengths，Weaknesses，Opportunities，Threats，即優勢、劣勢、機會和威脅）分析，需要對公司的外部環境和自身的能力進行評估。那麼，如何評估公司的外部環境呢？誰算是公司的競爭對手？如何分析競爭對手？根據什麼標準來判斷公司自身的強項和弱項……決策團隊需要使用其他的思考工具和議事方法得到這些問題的正確答案。也就是說，對於決策過程中需要做出的任一判斷，決策團隊都需要考慮是否有合適的分析工具可以使用，盡量減少邏輯的隨意性。否則，使用邏輯模板就如同使用精鋼做房子的框架，但是卻用稻草做牆，這樣建成的房子是經不起風吹雨打的。

議事規範化

議事規範化就是要求企業各階層決策者按照事先制定的規則商議決策事務，做出最後選擇。企業需要根據決策事務涉及範圍以及企業的人員狀況，制定明確的議事、決事規則和方法。企業要明確哪些類型的決策事務可以由一個人決策，哪些類型的決策事務必須由團隊決策。無論是個人決策還是團隊決策，在做決策之前就要明確必須由哪些人、用什麼方式參與討論，最後由誰、用什麼機制做出最後的選擇。

在整個決策過程中，決策團隊本身就需要做出若干決定（這實際上就是關於決策的決策，為方便閱讀，在此用「決定」一詞），包括但不限於：確定決策團隊成員及其角色、確定決策團隊議事規則、確定對決策事務分析需要的信息、制訂信息搜集計劃、確定決策目標、確定備選方案選擇標準、確定備選方案搜集計劃、確定可用備選方案、確定決策機制、選擇最終方案、確定執行負責人、確定執行成功標準、建立執行團隊、確定執行計劃、確定決策追蹤計劃、制訂決策調整方案、調整執行計劃以及評估決策等。

這些「決定」直接關係到決策過程的效率和決策的質量。實踐中，很多企業沒有制定和執行合理的議事規則，決策團隊工作效率低下，也無法充分發揮成員的作用，決策團隊有關決策的很多「決定」本身就有問題，決策的質量自然也就可想而知了。

決策可以分為簡單決策和複雜決策。符合下面條件的決策可以稱為簡單決策。對簡單決策，決策牽頭人只需根據具體情況請本部門內部相關人員參與議事，個人做出決策即可。

（1）決策事務事實清楚明了，備選方案中優勢方案比較明顯。

（2）決策動用資源在決策牽頭人責權範圍內。

（3）決策結果影響範圍僅限於一個職能領域，並且也在決策牽頭人責權範圍內。

如果決策結果會影響決策牽頭人責權範圍以外的部門（環節），但是對其

他部門（環節）的工作流程和資源配備不產生實質性的影響，並且不影響其工作結果，這種決策也是簡單決策。決策牽頭人在執行決策方案前需要通告受決策結果影響的部門（環節）。如果決策牽頭人不能確定決策結果對其他部門（環節）的影響，其就需要在決策之前與其他部門（環節）的負責人溝通，之後再決定如何處理決策事務。

有的決策事務的事實不夠清楚明了，涉及面比較廣，需要多人獻計獻策；或者決策的結果對多個部門（環節）的資源配置、工作流程和工作結果產生實質性的影響，我們將這種決策稱為「複雜決策」。企業可以根據決策事務的具體情況、團隊的成熟度、企業的發展階段等實際情況選擇下面的機制：

● 團隊議事，個人決策

由團隊對決策事務進行分析、討論，提交多個備選方案，最終由高層決策者選出最終方案。

● 團隊議事，團隊決策

由團隊對決策事務進行分析、討論，提交規定數量的備選方案，最終由團隊選擇最終方案。議事團隊和決策團隊可以是一個團隊，也可以是不同的團隊。

個人在企業中的權利越大，其可以做決策的事務就越多，其個人偏好對企業的影響也就越大。正如本書第一章所談的，人非聖賢，每個人在做決策的時候都有天生的局限性，企業的老闆和CEO也是如此。因此，企業有必要對高層進行約束，規定複雜決策必須「先議後決」，經由相關各方充分討論後再做決策。

需要指出的是，如果企業沒有明確的工作流程及相應的責權劃分，決策人員在做決策的時候，很難判斷其決策對其他環節的影響，可能會有意無意地將複雜的決策當成簡單的決策處理，帶來更多的問題。

議事會議通用規則

團隊議事主要是以各種形式的會議的方式進行的，不同的會議形式有不同的議事規則。下面的規則屬於通用規則，適用於幾乎所有的議事會議：

第一，設有專門的會議主持人。主持人一般不對議題發表傾向性意見，以保持其主持會議的公正性和效率。

第二，發言避免人身攻擊。

第三，發言不論及成員動機。

第四，除非另有規定，否則每人都有發言權。

第五，會議一般要規定每個發言者最長發言時間，發言需要在規定時間內結束。

第六，除非經發言者允許，否則發言不能被打斷。

第七，相對於已經發過言的人，沒有發過言的人有優先發言權。

第八，一案一議，在討論某個提案時，不提出其他議題。

第九，人人平等，不在討論中使用職權獲取優勢。

第十，發言者要注意發言的切題性、論據的真實性和全面性以及邏輯的合理性。

第十一，使用建設性語言和方式表達。

第十二，除非是發現參會者對自己的觀點有明顯誤解，否則發言者不能重複已發表觀點。

第十三，最大限度減少手機、電腦等對會議的打擾。

第十四，會議有指定的會議記錄人員。記錄人員最好與會議內容沒有直接的利害關係，以避免對信息有所取捨和篡改。重要的會議可以指定兩名人員同時記錄信息。

第十五，言者無罪。成員言論只限於會議範圍，不外傳。如有需要，發言者可以事先要求特定發言只供會議口頭討論，不做筆錄。

常用團隊議事形式和規則

1. 小組工作會

由多領域的人員組成的任務小組是企業常用的臨時性組織形式。小組工作會是企業中最常用的團隊議事形式，也是被誤用最多、問題最多的議事形式。

企業在制定小組工作會議事規則的時候，經常出現如下問題：

● 議事溝通方式不適合參與人員

人們的表達能力是不同的，擅長的表達方式也不一樣。有的人善於口頭表達，有的人則以書面溝通見長。人的性格也不一樣。爭辯往往能夠激發好勝者的靈感，面對挑戰時他們可以激情磅礴，思如泉湧；而好勝心不強的人往往選擇避免爭論，「隨他去吧」。有的人屬於「快槍手」，有了想法就先吐為快；有的人喜歡深度思考，在深思熟慮後才謹慎發言。另外，與會者的職務、經驗以及知識也會不同。職務高者、經驗和知識豐富者在心理上處於「制高點」，而其他人則會有心理壓力，在領導和專家面前不敢「妄言」。

很多企業的小組會議議事方式千篇一律，基本上是領導主持會議，其他人自由發言。在這種情況下，會議往往被那些職位高、經驗和知識豐富、善於口頭表達、好勝心強的人左右。有的會議變成了「自由市場」，在毫無頭緒的私下耳語和各說各話中，有些好主意往往過早地被否決掉了，或者是被忽視了；有些樂於思考的人，被其他人的發言干擾，無法集中注意力；有些人乾脆選擇作壁上觀，緘口不言。

● 議事方法與議題性質不符

小組需要處理的任務是多樣的，對議事者行為的要求也因此而不同。深度分析型議題要求參與者嚴密思考，邏輯合理；創意型議題需要議事者天馬行空，充分發揮想像力；方案評估型議題要求議事者明察秋毫，按照評估標準仔細比對；知識共享型議題需要議事者言無不盡，充分表達；思辨型議題要求議事者激烈交鋒，思維碰撞……不同性質的任務，需要採取的議事方法也不同。很多會議組織者不理解這些議題本質上的差異，「以不變應萬變」，用同一個議事規則應付所有的議題，致使會議效率和結果都不盡如人意。

● 過早錨定於某個意見，使團隊陷入群體思維陷阱

這是指團隊成員過早對議題下結論，止步於領導提出的或是多數成員贊成的意見，不再鼓勵、引領團隊成員繼續開發不同方案，不認真對待少數派意見，致使決策次優化。

企業可以參考下列方法，避免或減少上述問題：

第一，盡最大努力，確保任務小組人員組成最優化。本書第六章「決策人員管理」部分會更詳細地探討這個問題。

第二，企業需要充分考慮任務的性質、團隊成員背景、能力、口頭表達能力、性格等因素，制定相應的小組議事方法和規則，力爭做到每個人都能夠暢所欲言，人盡其能。

第三，將個人獨立工作與集體工作相結合。例如，採取下面的議事流程：

（1）小組成員對議題獨立思考後提出各自方案。

（2）小組集體對每個成員的方案進行評論。集體評論的過程可以採用小組成員輪流對每個方案發表看法的方式，也可以採用集體自由發言的方式。

（3）小組成員單獨對每個方案進行評分。

（4）將個人評分匯總，得到集體對各個方案的總評分。

上述的流程可以根據情況進行一些調整，例如，可將第（2）步的「集體評論」更改為「集體完善」。一種方法是小組成員將各自的方案交給另外一個成員，由其完善後再交給其他成員再完善，直至每個成員對每個方案提交了自己的優化建議。另一種方法是小組成員集體討論對每個方案的完善建議。

在第（2）步小組成員發表完對各個方案的評論之後，增加個人完善的環節，即由每個方案的提交者完善自己的方案，然後再進入評分環節。

第四，使用多種表達方式。除了口頭表達之外，可以採用書面表達的方式，一方面避免了團隊成員性格和口頭表達能力差異造成的影響，另一方面還可以進行匿名發言，同時也便於對信息進行保存和傳播。QQ、微信、卡片、易事貼、白板等，都是很好的介質。QQ、微信等電子系統還可以進行即時、匿名的團隊討論，非常方便高效。

第五，使質疑和提問「系統化」和「合法化」。團隊負責人可以指定「魔鬼代言人」，專門對團隊認可的方案提出挑戰。也可以組織「反頭腦風暴」會議，團隊成員專門對各個方案提出質疑和挑戰。另外一種方法是「問題頭腦風暴」，即組織團隊成員對某一議題或方案盡可能地多提問題，先不顧慮問題的答案，然後再將問題進行分類和排序，逐一解決。

整合思維（Integrative Thinking）的倡導者珍妮弗‧瑞爾（Jennifer Riel）和羅杰‧馬丁（Roger Martin）則是更進了一步。他們建議充分開發相對立的方案，然後在對兩個方案之間的對立點、背後的假設以及因果進行徹底分析的基礎上，將兩個方案進行整合。這種思路擯棄了常見的在對立的選項中進行非此即彼選擇的做法，而是試圖做到「即此又彼」。相互對立的、矛盾的方案不再是「敵人」，而是「情人」，其目的就是「結合」，創造出比二者都優秀的「第二代」。

第六，借用外腦。利用公司外部力量參與決策的方式有很多，例如：

（1）聘用專業議事引導師（Facilitator）。

越來越多的企業安排專業的引導師來組織議事會議。相對來說，專業的議事引導師不容易受到公司政治和與會者職務的影響。專業的議事引導師受過專業的培訓，能夠更高效地行使下列職責：

①主持會議。對議事過程進行管理，使團隊按照規則討論。

②對議事方法、規則提供專業建議。

③對議事所需設備、環境等提供建議。

④在出現矛盾的情況下，以第三方的身分出面協調，將焦點集中到議題上。

⑤洞察議事人員取得共識的時機，引導大家達成共識。

⑥如需要，可以對議事團隊和成員進行評估，向會議主辦方提供議事團隊優化建議。

當然，引導師可以不兼任會議主持人。但是，當一個會議由不同的人擔任引導師和主持人的時候，會增加二者之間不必要的溝通協調環節，而且會增加成本。

（2）請外部人員與公司內部相關人員逐一交流，將公司內部人員的想法進行匯總，然後再採取下一步行動。

（3）請外部人員直接參加公司任務小組，像其他成員一樣參與小組活動。

（4）直接組織外部人員提供信息，甚至直接對決策事物提供解決方案。

（5）請客戶等相關方對小組提出的方案進行評價。

（6）請外部人員對公司任務小組的工作流程、方法等進行監督和指導。

第七，採用特定的思考框架，指導成員多角度思考。這是指請團隊成員按照事先指定的方式、方向去思考問題。例如：

（1）六項思考帽。該方法形象地用藍色、白色、紅色、黃色、黑色和綠色帽子代表控制（條理）、客觀（事實）、感性、積極（樂觀）、謹慎和創新，議事者依次「戴上」這六項帽子，從這六個方面去思考一個議題。

（2）SCAMPER法。該方法要求人們從取代（Substituted，S）、組合（Combined，C）、適配（Adapt，A）、更改（Modify，M）、改用他途（Put to other uses，P）、去除（Eliminate，E）、重新安排（Rearrange，R）七個改進或改變的方向去思考。

（3）角色風暴法。團隊成員分別扮演討論中涉及的各方，演繹各方互動的場景，一方面，可以幫助成員設身處地地站在各個角色代表的立場進行思考，另一方面可以通過角色之口表達成員的真實想法，減少顧忌。另外，角色之間的直接互動可以激發新的想法。

（4）類比激發法。該方法將思考對象與其他事物，尤其是不相關的事物進行類比和關聯，激發團員的想像力和思考維度。例如，時間是金錢、時間是河流、企業是螞蟻、企業是太陽系等。

（5）抽象發散法。該方法將思考對象的部分或全體的特徵高度概括為抽象的概念，由團員發散思考。例如，想開發新式衣服扣子，但是讓團員思考「連接」這個概念，團員會給出磁鐵、繩子、鏈條、手拉手、握住、插頭插座、鉤子、嵌入等多個想法，然後再在這些想法上繼續推進，最後再直接討論衣服的扣子。

（6）提問法。該方法要求團隊成員只提問題，不講方案，在問題窮盡後再討論解決方案。

（7）方案嫁接法。該方法請議事者將若干想法組合嫁接在一起。

第八，多團隊角逐。在條件允許的情況下，企業可以組建一個以上的團

隊，對同一個問題拿出各自的解決方案，之後可以通過多辯論、研討、組合等方式開發更多的方案。

第九，議事流程和規則優先。團隊鼓勵成員關注團隊議事流程和規則是否合理。成員可以隨時就會議的流程和議事規則提出修改建議，團隊可以根據事先制定的議事規則馬上對此建議進行表決。

第十，二次思考。在一次集體討論會議後，給團隊成員一段時間思考自己和他人的看法，隔一段時再進行相同內容的討論；允許甚至鼓勵團隊成員改變自己原來的看法。

第十一，安排好領導和意見領袖。這裡的領導，一種是指與其他議事者有上下級匯報關係，或者能夠對其他議事者的績效考評、升遷、薪資調整產生重大影響的人；另一種是指在尊重資歷的文化中，資歷明顯高於其他議事者，議事者必須考慮其感受的人。

領導在團隊議事中，往往帶來下列副作用：

（1）影響大家客觀地就事論事。其他議事者出於公司政治、面子（領導的面子和自己的面子）以及自己的前途等方面的考慮，往往無法暢所欲言。

（2）過早下結論。當領導提出結論性意見後，其他議事者會覺得沒有必要再發表見解，使團隊議事名存實亡。

（3）影響執行議事規則。有的領導但凡開講，就會忘記時間。而其他人也不便提醒領導應該停止了。有的領導肆意打斷其他人的發言，他人也往往敢怒不敢言。有的領導因為其他重要的事情進進出出會議室，錯過了其他議事者發言，但是回來後的發言與會議不合拍，他人也無可奈何⋯⋯

（4）多角色困惑。有的議事會議由領導主持，而領導又要對議題發表意見，同時領導還是最後的拍板人。多個角色集於一身，不僅使領導無法將每個角色扮演好，也使其他人在應對領導時拿捏不好分寸。

但是，毋庸置疑，領導在團隊議事中是不可或缺的。因此，領導如何「安排」好自己是非常關鍵的。下面是一些可以參考的做法：

（1）使用代理人。領導不參加議事，但是及時瞭解會議進展情況和會議

上的觀點，然後將自己的一些觀點通過其他人，如會議主持人或其他同事拿到團隊議事會上去討論。當然，這些人不能夠披露這是領導的觀點。

（2）只問問題，不立論，不評論。領導參加會議，只提一些探詢性問題，幫助其他議事者更清楚、完全地表達自己的觀點。領導不對他人觀點發表評論，也不闡述自己的觀點。在這裡，問題的質量很關鍵。如果領導問題問得好，參會者會感覺到領導鼓勵大家暢所欲言，就事論事的態度。這比發表一通鼓勵大家「言無不盡，毫無保留」的講話要有效得多。

（3）召開專題研討會。領導就某決策事務有了成形的想法後，可以組織公司內外相關人員就此想法進行討論。當然，前提依然是不向參會者披露這是領導的想法。

（4）只參與最終決策。在議事團隊提交建議方案後，領導審核方案，並以提問題的方式請議事團隊對方案加以完善。領導最終拍板，或者是參與最終團隊投票決策。

有時候意見領袖，也就是在與決策事務相關的重要領域的知識、經驗遠遠超出其他議事者的人，也會對議事帶來較大負面效果。其他人可能顧忌在意見領袖面前展示自己的「無知」而不敢暢所欲言。意見領袖的重磅發言也會使大家對議題過早下結論。如果意見領袖沒有對決策事務進行客觀、周密地研究，沒有認真聽取其他人的見解，而僅僅是根據過去的經驗和知識過早地發表結論性意見，他們不僅會阻礙與會人員提出創新性的見解，更會誤導其他人員對決策事務的分析和診斷。對於這類專家型的議事者，可以考慮採取下例做法：

（1）為他們找「對手」。在議事會議中安排兩名以上的專家，讓專家制衡專家。他們之間的爭論會給其他議事者帶來啟發，激發其他議事者的靈感和討論。

（2）可以事先限定專家的身分，如「顧問」。專家主要是回答其他議事者的問題，並向其他議事者提問，但不立論。

（3）安排專家在其他議事者討論後發言。

（4）請專家提供分析、解決決策事務的方法論，而不是具體的做法。

第十二，確保小組責權相符。這是指確保工作小組有足夠的權力履行自己的職責，並且將工作小組納入企業的日常績效考核體系內。本書第六章「決策人員管理」會對此內容進行詳細的探討。

第十三，組合多種議事形式。企業可以根據決策事務的特點，組合多種議事形式實現目的，甚至可以將對同一決策事務的討論分成多個不同的議題，採用不同的議事形式完成。

2. 圓桌會議

●適用情況

決策事務涉及的地位相等的相關方較多，需要各方表達各自看法，相互瞭解各自觀點，並且不要求在會議上得出對議題的最終結論。

●議事規則

（1）發言後可以設有提問環節，主要是澄清發言者觀點。

（2）發言者之間不辯論。

（3）除非所有與會各方對議題持有相同看法，否則會議對議題不做表決。

（4）會議最後可以對下一步如何處理各方觀點進行討論，在一致同意的情況下形成決議。

（5）會後可以對與會者進行訪談，瞭解其在知曉其他與會者看法後，觀點是否變化。

3. 徵詢會議

●適用情況

被徵詢方對議題有很深的瞭解，甚至是決策事務相關方，但是無法或不適合參與決策過程。決策方通過會議聽取被徵詢方看法。

●議事規則：

（1）可以將某一議題分解，逐步徵詢。

（2）徵詢過程中，徵詢方只是瞭解被徵詢方觀點，對其觀點不做評價。

（3）被徵詢方只是各自表達各自觀點，彼此之間不做辯論。

（4）徵詢方要對被徵詢方意見逐一處理，給出結論。該結論對被徵詢方可以是公開的，也可以是保密的，因決策事務具體情況而定。

4. 辯論會

●適用情況

辯論會主要用於兩種情況：一種是議題很重要，必須得出結論，但是議事者形成差不多勢均力敵的、對立的兩派；另一種是決策者組織一個與決策團隊對立的「敵方」團隊，挑戰決策團隊，通過辯論完善決策團隊的方案，或者是激發更多的創意與想法。

●議事規則

（1）對立雙方參與辯論人數可以不同，但是各方總發言次數均等。

（2）雙方發言對象均為辯論主持人。

（3）雙方輪流闡明自己的觀點（立論），向對方提出問題（質詢），反駁對方觀點（駁論）。

（4）各方每人發言時間相等，發言人必須在規定時間完成發言。

（5）可以根據需要設立自由辯論環節。

（6）辯論結束後，可以由事先指定的、旁聽辯論的第三方人員投票做出決策，也可以同時請辯論雙方派出同等數量人員參與投票。由於經過辯論後，參加辯論的人可能改變立場，決定投對方贊成票，因此辯論各方最好以匿名的方式參與投票，避免不必要的尷尬和顧慮。

5. 私密徵詢

●適用情況

為了避免會議上參會者之間相互影響的情況，或者為了打消參會者對公開發表意見的某些顧忌，決策方可以採取郵件、私下訪談甚至匿名提交書面意見的方式請被徵詢方發表觀點。

●議事規則

既然是私密徵詢，決策方在討論被徵詢方觀點的時候，只探討內容，不明示觀點提供方。

6. 自由研討會

●適用情況

希望獲得與會者對某一議題的見解，希望加深對與會者的知識、語言表達能力、風格等多方面的瞭解。

●議事規則

（1）在遵循會議通用規則的情況下，盡可能給予與會者最大的自由發揮的餘地。

（2）允許與會者相互質疑甚至辯論。

（3）主持人可以根據需要，向與會者發問。

（4）主持人可以根據會議進展情況和需要提出新的議題。

團隊決事機制

這裡的「決事」，是指在議事之後選擇最終決策方案。之所以不用「決策」一詞，是為了避免與其他部分內容混淆。

常用的團隊決事方法有兩種——打分法和投票法。

●打分法

團隊成員為各備選方案打分，分數最高的方案勝出。打分法又分為總體打分法和分項打分法。

總體打分法就是團隊成員為每一個備選方案給出一個總分，然後將每個方案得到的總分數除以打分人數，得到每個方案的平均分。平均分數最高的方案為最終方案。例如，團隊成員張先生和王女士分別為方案 A、B、C 打分如表5-7所示（5分為最高分，1分為最低分）。方案 C 的最後平均分最高，為最終方案。

表5-7　　　　　　　　　總體打分法示例

	方案 A	方案 B	方案 C
張先生	2	3	3
王女士	3	4	5
平均分	2.5	3.5	4

分項打分法要求每個團隊成員按照預先設定的評分標準逐項為各個方案打分，然後將每個方案的各項分數相加，得到團隊成員為每個方案給出的總分，最後算出所有團隊成員給每個方案的平均分，平均分最高的方案勝出。

如果評分標準的重要性不一樣，團隊可以為每個評分標準設定一個比重，也就是將100%按照重要性分攤到每個評分標準上去；然後用方案在每個標準上得到的分數乘以其比重，得到方案在每個標準上得到的加權平均分；再將方案在所有標準上的得分相加，得到每個團隊成員給各個方案的總分；最後計算所有團隊成員給每個方案的平均分，平均分高者勝出。舉例如下：

張先生給各個方案的評分如表5-8所示。

表5-8　　　　　　　　　分項打分法示例1

標準	重要性	方案A 得分	加權平均	方案B 得分	加權平均	方案C 得分	加權平均
F1	20%	5	1.00	4	0.80	3	0.60
F2	15%	4	0.60	4	0.60	4	0.60
F3	25%	3	0.75	4	1.00	5	1.25
F4	20%	2	0.40	2	0.40	2	0.40
F5	8%	4	0.32	4	0.32	5	0.40
F6	12%	4	0.48	4	0.48	4	0.48
合計	100%	22.00	3.55	22.00	3.60	23.00	3.73

王女士給各個方案的評分如表5-9所示。

表5-9　　　　　　　　　分項打分法示例2

標準	重要性	方案A 得分	加權平均	方案B 得分	加權平均	方案C 得分	加權平均
F1	20%	4	0.80	3	0.60	5	1.00
F2	15%	3	0.45	5	0.75	2	0.3
F3	25%	5	1.25	3	0.75	5	0.75

表5-9(續)

標準	重要性	方案 A 得分	方案 A 加權平均	方案 B 得分	方案 B 加權平均	方案 C 得分	方案 C 加權平均
F4	20%	3	0.60	3	0.60	5	1.00
F5	8%	3	0.24	3	0.24	3	0.24
F6	12%	5	0.60	3	0.36	3	0.36
合計	100%	23.00	3.94	20.00	3.30	21.00	3.65

團隊平均分如表5-10所示。

表5-10　　　　　　　　　分項打分法示例3

標準	重要性	方案 A 得分	方案 A 加權平均	方案 B 得分	方案 B 加權平均	方案 C 得分	方案 C 加權平均
F1	20%	4.5	0.9	3.5	0.7	4	0.80
F2	15%	3.5	0.525	4.5	0.675	3	0.45
F3	25%	4	1	3.5	0.875	4	1
F4	20%	2.5	0.5	2.5	0.5	3.5	0.7
F5	8%	3.5	0.28	3.5	0.28	4	0.32
F6	12%	4.5	0.54	3.5	0.42	3.5	0.42
合計	100%	22.5	3.745	21	3.45	22	3.69

方案A最終的加權平均分為3.745，高於其他兩個方案，方案A為最優項。

加權平均法不僅明確了各個評分標準的重要性，而且要求團隊成員權衡各個方案在每個評分標準上的優劣，促使團隊成員考慮得更加細緻周詳，相對來說是比較好的方法。

● 投票法

團隊成員用給備選方案投票的方式做出最終的選擇，獲得「有效多數」選票的選項勝出。所謂的「有效」，是指投票人要占到事先規定的有資格投票的總人數的一定比例後，投票方為有效。對此做出規定，可以避免決策方在有

些相關方不在場的情況下安排投票，以虛假的「多數通過」犧牲某些相關方的利益。

「多數」的具體數量由決策方根據實際情況在投票前做出規定。

（1）相對多數。某選項無論獲得多少選票，只要比其他選項所得選票數量多即勝出。例如，12個投票人對方案A、B、C投票，A獲得5票，B獲得4票，C獲得3票，A所得票數比其他選項都多，因此它為最優項。

由於通過相對多數機制選出來的最優選項可能不是絕對多數（至少超過50%）投票人的選項，因此相對多數機制在公司決策中一般用於下列情形：

①意見較為分散或選項數量較多時，對多個選項進行排列，以便做進一步選擇。

②決策事務影響不大，不一定要絕對多數人認可。例如，公司的秋遊方案就可以用相對多數機制進行選擇。

③參與投票人員數量眾多，同時不確定選項是否會獲得絕對多數通過，而組織投票的成本較高。

（2）絕對多數。絕對多數是指某選項必須獲得至少50%以上的選票後才算勝出。企業可以根據需要對具體的獲勝比例做出規定，如2/3、3/4等。比例越高，意味著該決策事務就越重要，越要求投票者的認可與承諾以及團隊的一致性。

一致通過是絕對多數的極端，這意味著需要整個決策團隊的意願完全一致。所有投票者的意見都不可忽視，任一投票者都有一票否決權。在公司決策中，使用一致通過機制的不是很多。

決策團隊可以選擇匿名投票或公開投票。匿名投票可以減少投票者的顧忌，減少級別、人際關係、部門、自己以前所持觀點對投票者的影響。公開投票則方便投票者之間相互溝通交流。企業可以根據決策團隊的人員組成、決策事務的具體情況決定採取匿名投票還是公開投票的方式。

決策團隊可以考慮在下列情況下給予某個投票者多於一票的投票權。

（1）相對於其他人，決策事務對該投票者的影響明顯大一些，需要該投

票者做出的努力和付出更多一些。

（2）相對於其他人，該投票者對決策事務的瞭解（知識、經驗等）有明顯的優勢。

（3）該投票者實際上是該決策事務的最終拍板人（如 CEO），但是為了綜合集體力量，該投票者放棄個人最終拍板權，參與集體投票。

在企業團隊決策中投棄權票，一般意味著投票者對表決方案不滿意，或者不想發表看法。如果投票者對表決方案不滿意，應該鼓勵其在投票前提出自己的看法，這有助於企業拿出最好的方案來表決。如果投票者不想發表對表決方案的看法，那麼也就失去了企業選擇他參與決策的意義。因此，在企業決策中，一般不應該給予投票者投棄權票的選項。

決策檢驗制度化

正如「決策程序化」部分所述，決策過程分為若干個性質和內容不同，但是相互關聯的階段。一個階段的任務沒有完成好，會直接影響後續階段的工作，甚至導致決策徹底失敗。另外，企業內外情況的變化可能會使決策者原來對決策事務的定義和設定的決策目標失去有效性。原來定義的問題不再是問題，或者變為不同的問題；機會不再是機會，或者變為不同的機會。

這些情況要求決策者建立並執行嚴格的決策檢驗制度。檢驗的內容有兩個：

1. 決策工作階段性成果檢驗

決策工作階段性成果檢驗也就是在決策的每個環節結束時對這個階段的工作成果進行評估，以確保決策者按照要求完成各階段的特定任務，不把問題帶到下一個環節。

2. 決策事務基礎檢驗

決策事務基礎檢驗也就是從決策團隊接手決策事務開始到決策方案執行完畢這一段時間內，對引發決策事務的各種因素與決策依據的信息、假設進行不間斷地追蹤和評價，保證決策者和決策方案執行者能夠及時瞭解上述因素的變

化情況，並及時對決策和執行計劃做出調整，以保證決策的有效性。

　　決策檢驗工作主要由決策者自己完成。決策管理者可以根據決策事務的重要性指派他人輔助決策者完成檢驗工作，做到自檢和他檢相結合，提高決策檢驗工作的質量。決策檢驗是決策者必要的工作內容，應該包含在決策牽頭人及相關人員的績效考核內容中。

　　決策檢驗制度化的前提是決策程序化、決策邏輯模板化，並且企業保留決策過程的關鍵信息。有了這些前提，決策檢驗才能做到有根有據。

第六章
決策人員管理

一個人到醫院看病。在醫院的問詢處簡述自己的症狀後，接待人員告知他應該掛哪個科的號。掛號之後醫生為之進行初步診斷，然後進行各種檢查和化驗。醫生開出治療方案後，由藥劑師配藥，護士實施注射等具體治療工作。治療一段時間後，醫生再給病人進行診斷，調整治療方案，直至病人痊愈。整個過程中，涉及很多具備不同的知識和專長的人。如果任何一個人不勝任本職工作，或者是出現差錯，都有可能造成醫療事故，甚至危及病人的生命。

企業決策和上述病人就醫一樣。從發現決策事務開始，到執行解決方案，再到對決策結果進行評估，每個環節完成不同的任務，實現不同的目標。每個環節都可能需要具備不同的知識、經驗、技能和權力的人員參與進來，涉及的人有決策牽頭人、資源和信息提供人、工具（設備）操作人員、利益相關方、最終拍板人和方案執行人等。其中，任何一個人如果不能按要求完成工作，都有可能造成決策失誤，或者是不能達到期望的結果，給企業造成不可彌補的損失。

因此，對決策的各個環節中涉及的人員進行有效的管理是非常必要的。決策人員管理主要包括以下四方面的內容：

（1）挑選和組織決策人員。
（2）確立議事規則。
（3）建立決策人員績效考核制度。
（4）增強決策能力。

挑選和組織決策人員

選擇合適的人員，以合適的方式將他們組織起來完成合適的任務，是決策管理者最根本、也是最重要的工作。團隊整體的能力不是團隊成員個人能力的簡單相加。團隊組織得好，團隊能力會遠大於個人能力之和；團隊組織得不好，團隊能力會遠遜於個人能力之和。決策管理者需要參考下列因素來優化決策團隊的組合。

●勝任度

每個成員在團隊中都擔當一個特定的角色。每個成員必須具備足夠的知識和能力完成各自任務。

按照對決策事務的處理的階段，企業決策任務可以分為四類：發現（決策事務）、初步定義、確定決策方案（決策）和執行決策方案。

「發現決策事務」這個任務的首要特點是需要人們從多角度、多領域、多層級觀察企業及其生存環境。因此，企業需要有盡可能多的人來發現決策事務。人員越多，他們的工作層級、經驗、專長領域、知識和理念等背景差別越大，發現的問題會越多，也會越徹底。另外，除了發動公司所有人員發現問題、上報問題以外，企業需要系統地組織外部力量幫助自己發現問題。因為「發現」任務的另外一個特點是有時候人們是很難發現自己的一些問題的，正所謂「不識廬山真面目，只緣身在此山中」。試想，如果客戶不對企業的產品發表看法，企業如何知道自己的產品有哪些問題？如果企業的最大問題是老板錯誤的經營理念以及由此帶來的企業的基本設置的問題，誰向老板闡明這些問題？因此，「發現決策事務」這個任務的選人標準就是：多人數、多樣化（背景）和內外組合。

「初步定義」指的是對決策事務進行粗略分析，判斷其涉及的範圍、重要性和緊急程度，並指定決策牽頭人。初步定義的任務由決策事務協調員來完成。企業中有些操作層問題確實是純粹的操作層問題，但是更多的是基礎層問題的症狀。換言之，企業中的大部分問題是基礎層問題及其引發的問題。對決策事務進行「初步定義」的任務要求承擔者能夠迅速判斷可能造成問題症狀的所有原因及其影響範圍以及決策事務的優先級，因此決策事務協調員應該是「全科醫生」，其對企業各要素之間的關係、企業高效營運的標準以及企業基本情況如各項決策任務進展狀況、工作流程、管理制度和核心人員的能力應該有比較全面、清楚的瞭解。簡言之，決策事務協調員應該既懂管理理論，又瞭解企業的實際狀況。

確定決策方案的核心人物是決策牽頭人。決策任務要求人們對決策事務進

行深度分析並且拿出合適的應對方案，因此決策牽頭人需要具備的首要條件就是對決策事務涉及的領域有豐富的知識、經驗和深刻的理解。如果決策針對的是企業基礎層的事務，那麼對決策牽頭人的要求就更多了。一般來說，基礎層的涉及面很廣，可以說是牽一髮而動全身。例如，企業目標的變化會涉及企業產品設計、組織架構、績效考核等一系列的變化，牽涉企業的各個部門和各個層級的員工。這就要求基礎層決策牽頭人不僅需要和全科醫生一樣，懂得企業管理的理論知識，瞭解企業的現狀，同時還要具備足夠的權力和能力去協調各個部門負責人，使其同向而動。另外，類似基礎層決策這樣的涉及面廣、影響力大的複雜決策基本上都需要多個人員參與其中，甚至是企業外部的人員。除了很強的人際溝通、協調能力之外，決策牽頭人還必須瞭解參與人員，根據他們各自的特點制定合理的團隊決策的流程、議事和決事機制，充分發揮所有團隊成員的能力。也就是說，決策牽頭人必須擁有必要的決策管理方面的知識。

決策中另外一個關鍵人物是決策方案執行負責人。選擇執行負責人的首要條件是其認可決策方案，並且對方案的理解與決策團隊一致。這似乎是再明顯不過的道理了。但是在實踐中，因為執行負責人並不完全認可決策方案，或者是理解有誤，結果在執行過程中出現偏差，導致決策最終以失敗告終的案例比比皆是。另外，執行負責人必須具備完成任務所需要的「硬能力」（專業知識、經驗和技能）和「軟能力」（人際交往和溝通能力、性格等）。

決策團隊可以考慮採用「逐層定格」的方法，挑選方案執行負責人。

第一步，判斷執行方案涉及的範圍和專業領域。

第二步，估算執行團隊關鍵崗位的人員數量及其必備的知識、經驗和技能。

第三步，評估執行該方案以及管理執行團隊，尤其是關鍵崗位人員面臨的主要挑戰和關鍵成功要素，並據此確定執行負責人應該具備的「硬能力」和「軟能力」標準。

第四步，與符合上述標準的候選人面對面溝通，請他們發表對決策方案的看法，如方案的優缺點、執行該方案的重點、難點，執行團隊關鍵崗位的負責

人應該具備的資質等，考察他們對方案的認可度和理解程度。然後，綜合其他信息，如工作經驗、教育背景和個人風格等，最後做出選擇。

從整個團隊的角度來看，團隊成員的知識、技能需要相互補充，組合後能夠覆蓋決策事務涉及的所有領域。

除了成員的知識、經驗和能力，他們的團隊協作能力和意願也是必須考量的一個因素。擁有足夠的綜合表達能力（口頭和書面），樂於與他人溝通和合作，具有同理心，能夠控制自己情緒的團隊成員會給決策牽頭人減少很多負擔，並且能夠促進整個團隊的集體合作。

● 代表性

團隊成員應該包含決策涉及的各相關方的代表，包括問題產生方、機會提供方、資源與信息提供方、（潛在的）決策方案執行負責人，甚至可以包括客戶和合作夥伴。請相關各方參與決策有助於迅速澄清事實，瞭解各方關注的重點，設計現實的、與企業資源匹配的決策方案，減少決策方案執行過程中的溝通問題和人為障礙。

需要強調的是，各方代表必須擁有足夠的權限和能力在決策會議中代表自己的利益團體行使權力，履行應盡義務。否則，他們就變成了「傳聲筒」。「傳聲」的過程不僅增加了交流的時間和層次，還會造成信息的遺失和扭曲，影響決策的質量和效率。

● 團隊成員的技能和知識水準相當

一個物理學家和一個農業學家，他們各自的專業領域雖然不同，但實際上他們研究的都是同一個世界，兩個人都是學者。他們之間的交流的內容和層次，與物理學家和一個農民之間談話的內容和層次會有天壤之別。企業決策團隊中，雖然每個人專注的領域不同，但實際上都是從不同的角度觀察、解讀同一個事務。如果團隊成員的技能和知識不在同一個水準上，他們探討問題的深度和廣度就會有很大的差異，嚴重影響團隊效率。

● 避免專業壟斷

有的跨部門決策團隊由不同專業領域的代表組成，每個領域只有一個代

表。由於知識、信息不足的原因，人們無法對他人的意見做出客觀評斷，更無法發表不同意見，致使每個領域的代表都可以利用專業「壟斷」優勢，按照自己的個人意願影響會議。如果他們的判斷出現失誤，別人也很難糾正他們。

決策管理者可以考慮每個領域請至少兩個人參與討論。這兩個人最好不在同一個部門，但是在該領域具備相當的知識和經驗。請企業外部人員參與討論是一個比較好的選項。如果不具備這些條件的話，決策管理者可以請其他專業人員在會議之後對會議討論內容和結論發表看法。

●根據任務性質決定人員組合

一般來說，類似發現決策事務、開發解決方案、產生創意這樣的任務，參與人員的人數越多，背景越豐富，效果會越好。對於執行決策方案這類目標清晰、需要按照明確的計劃採取具體行動的任務，背景相似、理念一致的參與人員更容易達成默契，他們之間的溝通效率會更高，衝突會更少，因此執行效果也會更好。

有些任務更適合由個人分頭完成，匯總後再由團隊進行下一步工作；有的工作需要參與人員以集體會議的形式完成。雖然阿萊克斯・奧斯本（Alex Osborn）在20世紀50年代提出的集體「頭腦風暴」方法的目標是產生盡可能多的創意，但是過去幾十年的研究和實踐已經證明，由個人獨立開發創意，然後再匯總得到的創意的數量比同樣數量的人集體「頭腦風暴」得到的創意的數量要多，而且質量也會更好。在處理複雜的、需要組合多個方案的事務的時候以及對複雜方案進行綜合評估的時候，集體工作會比個人分頭工作更出色。

●避免角色衝突

企業的每個部門都有自己專注和專長的領域。這些部門在處理決策事務中扮演多個角色。他們有時候是資源提供者，有時候是決策任務執行者，有時候是問題的製造者。決策管理者需要分清各部門在不同決策事務中的角色，避免角色衝突。企業在分配決策任務時，需要遵循以下兩個原則：

1.「不讓病人給自己做醫生」

一個醫生能不能自病自醫，給自己做醫生？答案是「能，但是要滿足一

些條件」：

（1）這個醫生的大腦和身體能夠正常運作。如果醫生的大腦出現了問題，或者身體的病症妨礙他正常工作，他就無法做醫生，更不能給自己診斷治療了。

（2）這個醫生是個超級全科醫生，他懂得內科、外科、口腔科、精神心理科等所有的醫學知識。

（3）他可以使用所有必備的診斷、檢測工具。

（4）他能夠觀察到自己的症狀。

（5）他不想刻意隱瞞自己的病情。

不難發現，這樣的醫生在世界上絕對是少而又少的，甚至可能根本不存在。同樣，能夠察覺自己部門的所有問題，對其做出客觀的診斷，並且拿出最合適的解決方案的部門負責人也是鳳毛麟角。某個部門出現問題，很多情況下是由於部門負責人根據自己的經驗、知識、理念，按照自己的風格處理事務時造成的。換言之，其本身即是問題的根源，而且在現有的認知水準上，他們並不認為這些問題是由他們造成的，甚至認為有些問題根本就不是問題。很多部門的負責人是某一專業領域的專家，如財務高手、技術牛人，但他們可能並不擅長管人，並且對企業的整體運作缺乏全面、正確的理解。由於忙於部門的日常事務，沒有足夠的時間追蹤專業領域的變化，有些部門負責人的專業知識甚至可能處於落伍的狀態。雖然每個人都可以自省，但是如果沒有新的管理理念和思考框架，他們沒有工具用以對自己部門的問題進行客觀的診斷和分析。

即便是發現了自己部門的問題，一些部門負責人也會選擇隱瞞不報，或者是想辦法大事化小，小事化了，甚至乾脆拒不承認。原因很簡單，這些問題意味著自己的無能或失職，會危及自己的職業發展。

企業的最高層（即老板和 CEO）與各部門的負責人同樣具有這些局限性，他們也很難成為自己的好醫生。

2. 不能指望決策者「自己革自己的命」

在 20 世紀 90 年代初，假設你是柯達彩色膠片部門的高管，已經在公司工

作 15 年了。那時候彩色膠片業務是賺錢的生意，但是數碼攝像的技術和市場也在高速發展。你會向公司董事會提議縮減對膠片業務的投入，轉而大力發展你根本不懂的數碼相機業務嗎？

2005 年，諾基亞公司實現手機銷售 10 億部。2007 年，蘋果公司推出了 iPhone。同一年，谷歌公司開始建立安卓聯盟，並將安卓系統免費提供給手機廠商使用。在 2007 年，假設你是諾基亞公司的一位塞班系統（Symbian，諾基亞手機的操作系統）資深工程師，憑著你深厚的技術功底和超強的市場敏感度，你覺得諾基亞公司用了多年的塞班操作系統在智能手機領域對抗不過蘋果的 IOS 系統和谷歌的安卓系統，於是你寫了一份內容詳實、文採飛揚的報告，提交給你的老板，建議公司放棄塞班系統，採用開放的安卓系統。你覺得你的老板會在員工大會上誇贊你遠見卓識，並且給你加薪提職嗎？

公司內的很多決策，從問題診斷到開發備選方案，再到執行決策方案，都可能直接「損害」到各層級管理者的直接利益：工作量增加、控制資源減少、影響力和地位下降、尊嚴（面子）受損、自由度下降、降薪、喪失工作崗位等不一而足。你覺得參與決策的人們會努力工作，制訂詳盡的方案讓自己受到這些「損害」嗎？

趨利避害是人的本性。當發現自己的利益可能會受到損害的時候，參與決策的人員會有意識、無意識地在決策的各個環節降低自己受損的可能性和程度。從問題的定義、信息收集、開發備選方案到做出最後決定，再到執行決策方案，人們都可能施加自己的影響。最終，企業最高層無法瞭解企業的真實情況，甚至導致重大誤判。

● 權責相符

常言道：「殺雞焉用宰牛刀。」相對來說，企業中最怕的不是用牛刀去殺雞，而是給員工殺雞的刀，卻讓他們去宰牛。

很多企業讓一些中層經理人帶領跨部門小組去完成一些涉及企業基礎層決策的任務，如企業流程優化、精益生產項目、平衡計分卡項目甚至阿米巴項目。這些任務小組的負責人的職務往往比企業職能部門負責人的級別低，最多

和後者平級。任務小組是否能夠從各部門拿到足夠的信息和資源，完全要看各個部門負責人的臉色。而各部門負責人自然願意提供對自己有利的信息，至於對自己不利的信息則是諱莫如深。那麼對各部門負責人來說，哪些是對自己不利的信息呢？只要是證明自己部門有重大的、需要提高的地方的信息都是不利的，因為這直接說明自己沒有做好本職工作。很多時候，任務小組的最終提案還需要讓這些部門的負責人過目，發表評價。握著小得可憐的「殺雞刀」的任務小組負責人怎麼對付這強大的甚至能夠左右自己命運的「牛」呢？很多任務小組的負責人「明智」地選擇了與各部門負責人達成默契——在一些無關痛癢的地方「劃幾刀」了事。在我看來，決策團隊權責不符、權小於責，是很多企業實施各種流行的管理理念和方法失敗的最常見的原因之一。

對於涉及企業基礎層的決策事務，應該由超然於各個職能部門的、對各個職能部門的人員和其他資源有足夠影響力的人員擔任決策牽頭人。即便是操作層決策，如果涉及的是長期性的問題，即那些主要是由於崗位負責人的能力、態度等原因造成的，崗位負責人長期不能夠按照計劃完成指定任務的情況，也最好由崗位負責人的二級主管或更高級別的人擔任決策牽頭人。這樣一方面能夠保證決策牽頭人所處地位能夠看到問題的全貌，另一方面能夠確保決策牽頭人手中的「刀」的長度和鋒利程度足以對付需要殺死的「獵物」。

● 小而精

一般來說，決策團隊人員越多，工作效率和質量越差。這主要是由於下面幾個原因：

1. 人類大腦的短期記憶和處理能力是有限的

團隊成員越多，每個成員大腦需要處理的信息也就越多，而這些信息很多都是和工作任務沒有直接關係的，它們大大占用了大腦的「內存」。美國密蘇里大學的尼爾森·考恩（Nelson Cowan）在 2001 年證實，普通人在短時間內能夠記住的東西只有 4 樣。但是，團隊每增加一個人，團隊溝通渠道的數量和團隊成員之間互動產生的複雜情況就會成幾何級數增加。如果人們的大腦「按照慣例」對情況進行簡化處理，由此可能帶來更多的負面情況。例如，忽略

某些人的見解，致使他們產生敵對情緒並開始「報復」。這會使情況更加複雜。我們的大腦無法高效地應付這些複雜情況。敏捷開發法的創始人傑夫・薩瑟蘭（Jeff Sutherland）在他的《SCRUM》一書中給出了計算團隊溝通渠道的公式：團隊人數 N 乘以「團隊人數 N 減 1」，然後再除以 2。也就是說，如果決策團隊有 5 個人，那麼溝通渠道就有 10 條；如果決策團隊有 6 個人，那麼溝通渠道就有 15 條；如果決策團隊有 7 個人，溝通渠道就有 21 條……「溝通渠道如此之多，超過了人類大腦的承受能力，我們根本無法得知別人正在做什麼，而當我們試圖尋找答案時，工作進度就會放緩。」

2. 責任稀釋

團隊成員越多，每個人心理上對團隊工作結果承擔的責任就越小，也就越容易懈怠，尤其是當成員在決策團隊的表現與其績效考核並無直接關係的情況下。這種懶散鬆懈的狀態不僅影響其本人的工作效率和質量，還具有很強的傳染性，影響其他人的表現。

3. 拖後腿

團隊成員越多，其中個別人拖大家後腿的可能性也就越大。這樣一來，對決策團隊的管理者來說，保持每個人與整個團隊同步前進的挑戰也就越來越大。有些時候，團隊成員之間會相互干擾，降低各自的工作效率。

● 積極性

有哪些因素能促使決策團隊成員高質量、高效率地完成工作？對工作內容本身的興趣？更多地展現自己的機會？年終獎金？升職的可能性？

如果決策管理者不清楚團隊成員在決策團隊中努力工作的理由，那麼他就無法適當地激勵團隊成員。對於決策團隊成員來說，參與決策工作可能變成一種額外的負擔，他們的工作質量和效率自然受到影響。我會在「建立決策人員績效考核制度」中繼續探討這個話題。

總之，企業的決策管理者以及在決策過程中承擔組織、協調和領導任務的人員必須做到「四知」：知理（企業和決策管理的理論）、知企（企業的當前狀況）、知事（決策事務及其涉及的專業知識）和知人。只有這樣才能做到將

人和事的合理匹配，完成指定的任務。

企業可以考慮下列形式組織決策人員：

● 超級小組

超級小組的主要任務是對各部門的工作進行客觀評價，並實施企業範圍內的組織架構、工作流程和管理制度等基礎性設置的設計和優化。超級小組由 CEO 或是級別低於 CEO，但是高於各部門負責人的人，如首席營運官（COO）來擔任組長。超級小組的組長有權力調動相關部門的資源。組員需要具備相關部門的專業知識和經驗。由於超級小組的任務會觸動部門主要人員的直接利益，因此組員不能同時又向各部門負責人匯報。必要時企業可以請企業外部人員加入超級小組。

● 自治小組

自治小組的組長由和各職能部門負責人同級別的人擔任，並根據需要配備財務、人事等專業人才。這些組員只向組長負責，他們的績效考核也由組長承擔。自治小組主要是用於完成現有組織不能、不善於完成的任務，如開發和推廣以新的方式生產和銷售的甚至可能與現有產品競爭的新產品。自治小組對本小組的工作結果負全責。根據自治小組的工作成果，企業可以將其發展成為一個獨立的業務單元。

● 外援團

顧名思義，外援團由企業外部人員組成，他們的主要任務是幫助企業以新的框架和思路來診斷、解決問題和營運企業。外援團可以用來幫助企業的最高管理者，也可幫助各部門負責人或特定的項目組。外援團的團長由外援團自己指定或由企業指定。外援團的團長一般向幫助對象的上級匯報，特殊情況下向幫助對象匯報。

● 整合部門

整合部門的主要任務是協調各個部門的工作，避免相互衝突和重複的努力，促進資源共享，提高合作效率。本書提到的決策管理部和流程管理部就是整合部門。之所以將其稱為「部門」而不是「組」，是因為整合部門是常設的

組織，而其他決策組織一般是臨時性的。整合部門的負責人由與各部門負責人至少同級別的人員擔任。整合部門的成員可以由少數全職員工（即只匯報給整合部門負責人）和其他各部門指派的兼職人員組成。兼職人員在整合部門的工作績效由整合部門負責人評估，提交給其原屬部門的負責人，後者做綜合匯總。

● 重量級小組

重量級小組的主要任務是在企業現有資源、流程等基本設置的基礎上進行創新性活動，如開發新產品、新的服務方式等，也可以用於解決現有的問題，如現有產品完善、流程優化等。重量級小組的組長可以由現有的部門負責人擔任，或者由更高級別的人員（如 COO）擔任。組員從各部門抽調，但是他們在項目進行期間全職在項目組工作，不再承擔其他任務，項目結束後他們回到原來部門或另有安排。重量級小組的組長對組員在項目進行期間的工作表現做出評價，然後交由組員所屬部門負責人進行綜合匯總。

● 輕量級小組

輕量級小組的主要任務是處理跨部門的操作層決策事務。組長由中層經理人擔任。每個相關部門指派一人擔任本部門的代表，協調本部門內部相關工作以及與組長和其他人員的溝通。所有組員的工作表現由各部門代表及其原部門負責人評價。

● 個人貢獻者

有些工作適合由個人完成，如開發創意、發現問題、提供針對某些問題的見解（如預測未來）等。決策管理者可以將相關的個人貢獻者組織起來，建立相應的溝通和激勵機制，並與其他決策組織形式結合，完成決策任務。

● 常設委員會

常設委員會的任務是處理一些重複出現，但是有一定時間間隔的決策事務，如定期或不定期審批投資項目的投資委員會。常設委員會成員由公司 CEO 根據委員會處理的事務的特點指定。委員會負責人可以由固定的人員擔任，或者是由委員會成員輪流擔任。選擇委員會成員的主要標準是其在某一領域的專

長，因此沒有固定的級別限制。一般來說，委員會成員根據固定的程序完成決策工作，他們在委員會的工作屬於其日常工作的一部分，不單獨考核績效。

●複合型組織

當決策任務比較複雜的時候，可以將其分解成若干子任務，請不同的人員採用不同的組織方式完成各個子任務，然後將各個子任務的結果進行組合，最後由決策團隊核心成員組成的團隊完成最後的決策任務。這些決策組織構成了一個複合型決策組織。

確立議事規則

人和人是不同的。企業在制定議事規則的時候，除了決策事務的性質以外，還要充分考慮參與人員的個人特質，如溝通能力和習慣、性格、團隊合作傾向、思考習慣和職務等因素，確保參與人員：

（1）有足夠的時間對議題進行準備。

（2）用自己最擅長的表達方式發表見解。

（3）有足夠的時間或機會來充分表達自己的看法。

（4）有合適的人員和方法激發自己的靈感。

（5）不需忌諱參會人員的職務、資歷以及其他與議題無關的因素而暢所欲言。

本書第五章「決策過程管理」已對此話題進行了詳細的探討，此處不再贅述。

建立決策人員績效考核制度

合理的績效考核制度明確了員工在特定時間段內需要實現的目標、行為標準、工作成果檢驗標準、可用資源和員工個人利益與工作成果之間的關係（獎、懲）。績效考核制度幫助企業整合眾多的個人力量，共同完成企業的目標，同時也幫助員工及時獲得反饋，優化自己的行為，提升個人能力和工作效力。可以說，績效考核制度是企業不可或缺的管理手段。

然而，有趣的是，很多企業沒有為各種決策任務小組，尤其是跨部門的任務小組建立績效考核制度。任務小組的工作成果和組員的工作績效考核是沒有關係的。換句話說，決策任務小組成員不需要為團隊的工作成果承擔責任。任務小組「完成」任務後解散。組員（包括組長）的升遷、獎金等仍由其原部門負責人按照各部門原來的標準決定，各部門負責人甚至都不瞭解其下屬在任務小組的表現。另外，企業也沒有制定員工在任務小組中的行為規範，員工在任務小組中可以很「自我」，很「自由」。

這種情況造成了很多不良後果。對任務小組成員來說，小組的工作是個額外的負擔，而不是他們的「本職」工作。在時間和精力有限的情況下，他們就在任務小組的工作上「偷工減料」，嚴重影響任務小組的工作質量。

企業設立跨部門小組的初衷是打破部門的界限，集中力量完成跨部門的任務。但是，由於任務小組成員不必對任務結果負責，他們的績效由其部門負責人評定，他們在任務小組的首要任務就是維護各部門的利益。不承認本部門的不足之處，不給本部門增加額外的負擔是每個「部門代表」的底線。如果可能，他們還要為本部門爭取更多的資源和權利。小組成員打著各自的「小算盤」，扭曲、隱藏信息，不惜以犧牲小組任務質量和效率為代價，為各自部門爭取利益。最終的結果是，任務小組不僅徹底背離了初衷，解決不了跨部門的問題，而且會使情況更加複雜，甚至惡化。企業高層管理者如果輕信任務小組的結論，會脫離企業的實際，做出誤判。

決定企業生存和發展是所有部門合力的結果。企業設立各個部門，使員工以部門為單位專注於特定的領域，最終的目的是通過這些領域的專業化和規模化實現提高企業的整體效能。換句話說，各個部門存在的目的是使企業能夠以更低的成本、更短的時間和更好的質量最終完成跨部門的任務。跨部門任務小組是最直接的整合各部門力量的方式之一。從總體上來說，跨部門任務小組的地位應該至少等同於甚至高於各個部門。跨部門任務小組處理的決策事務的影響範圍也大於部門內部事務。企業必須為跨部門任務小組設立合理的績效考核制度，使小組成員獲得足夠的動力、支持和指導，高質量、高效率地完成指定

的任務。

企業在設計和執行決策團隊績效考核制度時，需要遵循下列六項原則：

原則一：團隊成員工作表現與個人利益掛勾。企業考慮團隊成員的職務調整、獎金分配以及其他機會時，要將他們在各個決策團隊中的表現考慮在內。團隊核心成員集體對決策的結果承擔責任，其他成員對各自的工作結果承擔責任。

原則二：以未來為重點。績效考核的主要目的不僅僅是對團隊及其成員的過去的行為與結果進行評價，以便賞功罰過，還包括幫助團隊通過對過去的反省提升工作能力和以後的績效，為未來組建高效的決策團隊收集信息，這些信息包括團隊成員的強項和弱項、個人風格以及與其合作默契的隊友等。

原則三：按照決策過程各個階段的標準，分階段對決策團隊進行考核和評價。正如第五章「決策過程管理」所述，決策的每個階段的工作重點都不同，對決策團隊的要求也不一樣。決策團隊需要為每個階段設定目標和行為標準，並據此指導和衡量工作表現。

原則四：自評、互評和他評相結合。自評指的是團隊成員對各自的工作進行自我評價，團隊核心成員集體對團隊的工作進行評價。互評指的是團隊成員之間相互評價。他評指的是企業的決策管理部門對決策團隊的評價。「三評」結合，能夠幫助決策團隊和決策管理部門對決策團隊的表現有充分的認識和瞭解，提升團隊和個人的工作質量以及企業決策管理水準。

原則五：行為、工作結果以及成員對彼此綜合印象相結合。

對團隊成員的評價包含以下三項內容：

1. 工作成果

工作成果包括團隊成員個人及團隊整體在決策各階段的工作成果。團隊成員承擔的角色不同，其工作成果不同，評價標準也不一樣。例如，對於決策牽頭人，主要從以下幾個方面評價其表現，這與其他成員的評價內容有很大的差異：

（1）選擇合適的成員加入團隊。

（2）以合適的方式組織團隊成員。

（3）合理分配任務，充分發揮成員特長。

（4）領導團隊設立合理的議事、決事規則。

（5）及時給予團隊成員反饋。

（6）掌控團隊成員之間溝通的「火候」，既要鼓勵大家暢所欲言，充分表達各自不同的意見，又要避免爭論進入死胡同甚至發展成為個人恩怨。

（7）為團隊創造良好的工作環境。

（8）代表團隊與其他相關方溝通，內情外達、外情內達，並獲得必要的資源。

2. 團隊成員的行為

例如，遵守議事規則、發表個人看法的積極程度、與團隊成員之間的溝通和協作的順暢度、學習新知識的能力、表達方式及其效率等。

3. 團隊成員對彼此的綜合印象

例如，「我以後是否願意再和他在同一個團隊工作」「如果我負責分配獎金，我給他的是最高級別、中等級別還是最低級別」。人們在按照某個明確的標準給別人打分時，會因為信息不全、理解有誤等原因做出不切實際的判斷。但是，如果讓人們說出對某人的綜合「印象」「感覺」，這往往是最真實的，能夠體現被評價者在其他團隊成員中的「分量」以及他在團隊中的綜合「價值」。這些數據是以後組建決策團隊的非常有用的參考資料。

原則六：事先制定和公布評價標準，確保高度透明。在決策核心團隊組建完畢，開始正式工作之前，決策牽頭人需要與其他成員討論、確定各個角色的績效評價內容和標準。同樣，在非核心團隊成員後期加入決策團隊，開始工作之前，決策牽頭人也需要完成同樣的工作。團隊每個成員都應知道所有人的績效評價內容和標準。

增強決策能力

個人的決策能力是一種綜合能力，是下列多種要素的組合：

● 對決策事務的理解程度

決策者對決策事務瞭解得越多，對其基本原理、運作規律、工作流程、內部構造、內外關係等基本屬性理解得越深刻，其做出正確判斷的可能性也就越高。

● 決策框架的合理性

無論決策者從哪個角度、哪個層級、用什麼理念來解讀和處理決策事務，他們的方案最終必須符合本書第三章提到的企業高效營運的八大標準，有利於提升企業的整體營運效率，建立並保持競爭優勢，更高效地獲得並完成訂單，創造更多的利潤。

● 邏輯分析能力

邏輯分析能力是指採用科學的方法，對事物進行觀察、比較、解構、分類、綜合、抽象、概括、判斷、推理，並且準確而有條理地表達自己思維過程和結果的能力。

● 自省意識

自省是指有意識地按照特定標準或新的情況對自己的行為和思想進行檢討的行為。自省能夠幫助決策者更理性地看待自我與環境各要素之間的關係，及時更新自己的決策框架，更加客觀地觀察和解讀世界，並做出適當的反應。自省意識越強，決策者「與時俱進」的可能性也就越大。

● 對信息的敏感度

信息敏感度衡量的是決策者對接觸到的信息進行解讀的廣度、速度和深度。信息敏感度越高，決策者遺漏的信息就越少，從接觸到的信息中發現問題和機會的速度就越快。

● 快速學習能力

沒有人是全能的。決策者在每個決策的過程都可能接觸到不熟悉的事務和不同的觀點。決策者需要迅速地掌握在決策過程中涉及的新的知識，理解其他人提出的各種觀點。

●決策流程和方法的合理性

合理的決策流程和方法能夠幫助決策者在決策過程中減少非理性因素的負面影響，理性地管控信息收集、決策事務分析、設定決策目標、開發備選方案以及確定和執行決策方案的工作，並且有益於決策者根據實際情況的變化和認知的提高對決策做出及時、適當的調整。

●時間與精力分配的合理性

「要事優先」「好鋼用在刀刃上」。決策者是否能夠合理地分配有限的時間和精力可以充分體現出其對企業管理以及決策事務的理解和自我約束能力，並在很大程度上影響其管理行動的效力。

人類學習新的知識並將其轉化為自己的能力需要經過以下四個階段：

第一階段，知曉：知道有這樣的知識，瞭解其內容。

第二階段，接受：學習、理解這些知識，認為這些知識是正確的、有益的。

第三階段，應用：在實踐中應用這些知識，對其應用場景、範圍、效用等有更直觀的認知和更深入的理解。

第四階段，內化：將這些知識與自己原有知識相結合，形成新的觀察、理解世界和應對各種事務的理念和工具，並體現在自己的日常行為中。

企業提升員工的決策能力，需要在上述四個階段為員工提供幫助。具體來說，在知曉和接受階段，企業可以為員工提供必要的培訓，包括決策能力的組成、邏輯分析、決策流程與方法、決策管理、企業營運基礎、團隊協作以及工作時間管理等內容。在應用階段，企業首先要明確所有員工必須將所學到的決策和決策管理的知識應用於日常的經營活動中，並將其融入企業的行為規範和工作流程之內。然後，企業根據員工應用這些知識的具體情況，請教練指導員工實踐這些知識。假以時日，這些知識不僅會為各層級員工提供統一的溝通語言，而且會成為他們思考的工具，並且體現在他們的行為習慣中。企業可以通過獎勵甚至提拔那些通過學習新知識而迅速提升自己決策能力的人，以促進內化的過程。

建立有利於決策的企業文化

企業的文化可以百花齊放，各不相同。但是，如果希望企業上下合力，及時發現所有問題，盡最大可能客觀地解決問題，企業需要在自己的文化中融入下列元素：

●鼓勵自我否定，倡導因時而變

人的認知能力是有限的。人們不見得完全懂得已經發生的和現存的事物，也不可能確定地預見未來。任何事物都可能發生變化。人們的任何決策都存在著對自己不知、不可知因素的猜想和假設。人類能夠在萬物競爭中成為地球之王，不是因為人類在很早以前做了一個亙古不變的、超級英明的決策，而是人類有了不斷拋棄舊的認知和行為，以新的視角理解、改造和適應環境的能力。

很多企業的老板期望員工做出「正確」的、不需後續調整的決策。如果某個決策需要調整，那就證明這個決策是錯誤的，而做出錯誤的決策說明決策者能力不行，要承擔責任。輕則批評，中則罰款，重則解雇。

在這種情況下，員工盡可能不主動出頭做決策。如果不得不做決策，那麼就「誓死」捍衛這個決策：掩蓋事實、篡改數據、推卸責任、拒不承認……各種招法，不一而足。最終，企業實際上百病纏身，所有人都在臺面上大講「沒問題」。

企業需要鼓勵員工踏踏實實、認認真真、高高興興地做「人」。踏踏實實是指企業讓員工知道企業接受人的認知是有限的，人的決策會出錯這個現實。企業不會因為員工做錯了決策而懲罰他們。認認真真是指企業為員工提供指導和條件，要求員工通過自省、學習新知識和細緻的工作及時追蹤和調整自己的決策。高高興興意味著員工不僅不會為否定自己以前的決策而受到懲罰，反而會因為採取了正確的行動，並在這個過程中學到新的知識、增強自己的能力，得到更多的發展機會而自豪。

●不僅要言者無罪，還要言者有獎

一個不會說話的嬰兒哇哇大哭。他餓了嗎？餵他奶，他依然啼哭不止。是

奶的溫度太高、味道不好還是濃度不對？抑或是他根本不餓？他生病了？哪裡不舒服呢？或是他覺得室溫不合適？是太冷還是太熱？要麼是他生氣了？不開心？為什麼……相信親手照顧過嬰兒的父母都曾有過這麼多問題，都體驗過那種不知所措、無所適從的焦慮。很多人都有一個願望：「如果孩子能夠說話，親口告訴我他哭的原因，對我的措施提供反饋就好了。」

企業與員工之間的關係同父母與孩子的關係有很多相似之處。父母為孩子提供支持，幫助孩子產出（身心成長、養活自己、幫助他人等）；企業為員工提供支持，幫助員工產出（增長知識和經驗、養活自己和家人、為企業和他人創造價值）。孩子是父母各種養育措施的承受者，員工是企業各種管理措施的承受者。父母需要孩子告訴自己的感受，對父母的養育措施提供反饋；企業需要員工告訴自己的感受，對企業的管理措施提供反饋。員工與孩子的不同之處在於，員工加入企業時就已經是能說話的成人了，而孩子需要經歷不會說話的嬰兒階段。

然而很多企業的文化迫使員工回到了嬰兒時代：不能說話！誰指出企業管理中的問題，誰就會受到打擊報復；誰對當前政策提出質疑，誰就可能會被認為是企業前進中的絆腳石，需要被「移除」。在這種情況下，這些「巨嬰們」就以各種方式「哭鬧」：偷工減料、陽奉陰違、幹私活、出人不出智、拿「軟柿子」（下屬、同事等）撒氣、故意浪費等。和這些相比，離職就是對企業最有益處的「哭法」了，因為這種做法清楚地表明了員工的態度，能夠讓企業直接感受到可能的損失，同時避免了潛藏在企業內部的長期破壞者。那些不離職但是卻在暗地裡「哭鬧」的員工所造成的損失是沒法衡量的。

稍微成熟一點的人都知道人人都愛聽好話。一個人（以下稱「質疑者」）冒著使被質疑者不悅的風險，收集、總結其不足之處，然後表達出來，是要花費一些心思和努力的，是要有足夠的動力的。質疑他人的動機可能包括：攻擊對方，給對方帶來損害；希望對方聞過則改，幫助對方得到收益；對方調整後使質疑者自己受益；顯示自己的高明，為自己謀利，如在心理上得到滿足或得到其他人關注等。

如果企業能夠鼓勵員工自我否定，倡導因時而變，那麼「攻擊對方，給對方帶來損害」的目的就不能實現了，因為企業不會因為員工決策失誤而懲罰他們。那麼，質疑者提出質疑的動機就是剩下的三個。只要質疑者提出的不足之處是正確的，那麼滿足其剩下的這三個動機對企業都是有益的。即便是質疑者指出的問題不是正確的，那也加深企業內部的交流，不會造成實質性的損害。

　　因此，企業要鼓勵各層級員工樂於指出企業管理的不足之處，為他們提供分析的工具和溝通渠道，同時創造一個理性思考和做事的氛圍。這正是企業決策管理的主要目標。

第七章
决策信息管理

高質量的信息是正確決策的基礎。決策信息管理，就是對與決策相關的信息的採集、加工、使用、保存的過程進行規劃、組織、協調和控制，以保證企業在決策時能夠方便地獲得高質量的信息，並且維護信息的安全，確保關鍵信息僅被企業授權者使用。

信息的質量

決策信息的質量可以從充分性、客觀性、準確性和時效性四個維度來判斷。

● 充分性

充分的決策信息需要符合兩個條件：「面全」和「量足」。所謂的「面全」，是指信息覆蓋完成決策任務涉及的各個方面。例如，建立一個決策小組，但是對決策小組成員的口頭溝通能力不瞭解，組織者可能就無法確定合適的議事方法。這就屬於信息面不全。又如，在招聘高級經理人的時候，僅僅瞭解候選人過去的工作業績，但是不知道他過去在什麼樣的環境和條件下（如支持團隊、個人權限、工作設施等）實現這些成果的，就有可能使招來的「牛人」在本公司因為沒有足夠的資源和條件而無用武之地。

所謂的「量足」，指的是信息的數量足以證明某一個判斷。例如，某個諮詢公司為一個企業做績效診斷分析。這個企業有 6 個工廠，生產 4 種不同的產品。企業總共有 12,000 人，其中 1/6 是白領，在企業總部或工廠的管理部門從事管理工作，其餘的是藍領工人。諮詢公司想通過訪談瞭解企業目前營運的狀況，因此請人力資源部公司挑選了 10 個員工參加一對一的訪談。具有統計學知識的管理者可能馬上就會發現，對於這樣一個生產 4 種產品、人員數量大、工種和層級多的複雜企業，10 個人的看法和經歷遠不足以說明問題，何況人力資源部的人在挑選面談人員時，他們的偏好會影響候選人的組合，使訪談對象更不具有代表性。例如，他們只選擇那些他們熟悉的班組長。他們之所以熟悉這些人，是因為這些班組長績效比較好，經常和人力資源部在各種活動中打交道。這些班組長的看法無疑會具有同質性，不足以全面體現企業的營運

情況。

●客觀性

信息要反應實際情況。常見的不客觀的信息有以下三種：

（1）假信息。例如，有的市場調研公司請自己的工作人員或雇用他人冒充客戶填寫調研問卷，並據此生成市場調研報告。

（2）無根據判斷。例如，有的公司的360度反饋中，請員工為某同事的「領導力」打分。該員工既不是這個同事的下屬，平時也沒有機會觀察這個同事的領導行為，於是只好隨便打個分交差。這個評分確實是該員工的判斷，但是沒有確鑿的事實為依據，因此也是不真實的信息。

（3）斷章取義。很多信息，只有在特定的環境和背景下才有其本來意義，但是將這些信息從其原來的環境和背景中「摘」出來通用化，那麼這些信息就不能反省客觀事實，也屬於不真實信息。

●準確性

信息的表述要準確、清晰，不能夠模糊不清、模棱兩可。如果對某些信息不確定，但又要使用這些信息，那就需要特別說明。類似「機器經常發生故障」「財務部門問題很多」「我認為這件事有可能會發生」等這樣的說法都屬於不準確表述，因為人們會對「經常」「很多」和「可能」的程度有不同的理解。

●時效性

信息全面、真實、準確，但是反應的現實卻與決策者需要應對的現實不一樣，那麼決策者就需要考慮如何使用這些信息。例如，總裁在去歐洲度假之前發現公司的一些問題，在度假期間他一直思考如何解決。在享受了兩個月美妙的假期後，當總裁開會，打算宣布自己的決定的時候，發現由於公司個別人的離職以及公司其他人員做出的相應的調整，原來的問題已經不存在了。他以前關於公司問題的信息已經失去了效用。

決策信息的內容

企業是一個人為設計的人、物集合的系統，在與其他企業的競爭中完成價

值創造和交換的過程。企業管理者有兩個任務：設計和營運。設計就是決定企業的產品、架構、流程等基本配置，並根據企業內外環境的變化對這些基本配置進行調整。營運就是按照規劃執行各種任務，使企業正常運轉。因此，決策信息就必須包含所有與「設計」和「營運」這兩項任務相關的內容，具體如下：

●原理性信息

原理性信息是指企業設計、營運以及相關各要素之間關係的基本理論、理念方面的信息。這些信息能夠幫助企業管理者回答一些深層次的、基本的問題。例如，為什麼這樣，而不是那樣設計企業的架構和工作流程？高效營運的企業的標準是什麼？企業成功的核心要素是什麼？各要素之間的關係是什麼？企業應該與員工之間保持什麼樣的關係？判斷企業組織架構和流程是否合理的標準是什麼？企業根據什麼標準去設計工作崗位？如何評判目標是否合理？使員工充分發揮其能力的條件是什麼？……

對這些「原理性」問題的理解實際上是很多決策的隱性的前提和出發點。不同的答案直接導致不同的決策、不同的工作行為以及不同的內部運行機制。比如說，如果認為員工是企業機器中的一個零件，那麼對待員工的管理就是嚴格的控制和冷冰冰的「維護」；如果認為員工是企業的合夥人，企業是眾多合夥人的聯合體，那麼企業與員工之間就會是平等的、相互尊重的、利益共享的關係。企業的架構、流程、績效考核等會有很大的不同。

因此，企業需要加強對「原理性」信息的管理。一方面，企業要將管理者頭腦中的管理理念「挖掘」出來，共享、交流；另一方面，企業要吸收先進的管理理念，根據企業及其所處環境的實際情況，構建出企業的管理思想體系，並且與時俱進，及時調整和優化。

●企業外部環境信息

對於企業整體而言，外部環境指宏觀環境和經營環境。宏觀環境信息包括政府政策、法規、社會文化、道德規範、科學技術、自然環境、經濟環境等領域的歷史、現狀以及發展趨勢的信息。經營環境信息包括競爭對手、合作夥

伴、供應商、客戶、相關的技術等方面的歷史、現狀以及發展趨勢的信息。

●企業基本配置信息

企業基本配置信息包括企業的組織架構、工作流程、配備資源、崗位設計、管理制度以及期望產出。這裡的期望產出是指：

（1）企業整體產出，包括企業期望獲得並完成的訂單的數量、企業的競爭優勢以及企業的最終利潤。

（2）企業各項管理政策的預計效果。

（3）企業各部門、各工作崗位的預計產出。

●企業績效信息

績效信息包括企業及企業內部各部門、崗位等被考核單元在指定時間內的工作成果以及它們在工作過程中的績效管控指標。

●核心資源信息

核心資源信息是指現金、關鍵人員、重點設備、銷售渠道等維持企業正常營運的核心資源的當前狀況以及發展趨勢信息。

●具體決策信息

有關具體決策的信息包括決策內容信息（如決策事務描述、決策事務分析結果、決策目標、備選方案等）、決策過程信息（如決策過程中的會議記錄等）、決策人員信息（如個人背景、角色分工、績效評定、團隊成員反饋等）。

●輔助性信息

例如，思考工具、議事方法、決事方法等工具性信息。輔助性信息用於決策人員學習、參考。

需要指出的是，上述信息不是僅限於由他人收集的，用文字、圖表等表述的信息。有些非常重要的信息只有靠決策者親臨現場感受才能夠收集得到。例如，消費者對一個餐廳的感受，是視覺、味覺、嗅覺、觸覺、聽覺、體感（溫度）等多種感覺結合起來的綜合印象，任何方式傳播的信息都比不上身臨其境得到的信息更豐富、更完整。

決策信息管理集中化

很多企業沒有對決策信息進行管理的意識，對決策信息沒有統一的規劃和要求，給企業帶來了一系列的問題。

●管理層企業管理的理念不同步

很多企業沒有系統地收集、整理、探討和使用有關企業管理的「原理性」信息，甚至有些企業的管理者根本沒有學習、思考過這些問題，管理企業就靠「抄」：別人怎麼做自己就怎麼做。企業各層級管理者對企業的設計和管理的理解是五花八門的。雖然不同的理念可以帶來不同的視角，但是由於人們沒有在理念的層面上進行探討和溝通，在實際工作中體現得更多的是在決策和執行上的「莫名其妙」的、不斷出現的衝突和錯位。各部門、各層級的管理者按照自己的理念管理下屬，公司形成多種「亞文化」。

隨著科學技術、經營環境以及人們對自我和環境的認知的變化，企業的基本配置和日常運作管理的方式也必須隨時進行調整。在當今行業界限日益模糊、商業模式不斷更新的年代，企業必須及時調整自己的經營理念。企業各層級管理者對這些變化的認識參差不齊，大家又沒有機會在理念上進行溝通，更無法達成一致，使企業在決策和執行中越來越難以協調同步，企業自身的不確定性大大增加。

●沒有信息

除了一些用於日常績效考核的數據外，企業不系統地收集其他與決策相關的信息。即使保留了一些信息，但是對該信息的來源、生成方法也說不清楚，或者是數據統計方法不統一，無法使用，導致決策時沒有信息，不得不在短時間內臨時拼湊信息。

●任意、隨意使用信息

由於沒有信息使用和鑑別的規範，人們可以任意、隨意地使用信息。人們只收集、使用能夠支持自己主觀判斷的信息，忽略、隱藏對自己觀點不利信息；任意對信息進行過濾、加工、解釋，使其失去了原來的客觀性；不是從應

該使用哪些數據的角度出發去搜集信息，而是根據手頭現有的信息以及容易獲得的數據進行決策；以個別現象、統計學上沒有代表性的數據為依據做出判斷和決策；只從單一渠道獲得信息，又不對信息的質量進行考量，實際上在信息提供者的影響、操控下做決策。

● 無法對決策進行追蹤

很少有企業保存具體決策的詳細信息，如決策根據的信息、決策機制等，致使後期無法對決策進行有效的追蹤；根據情況變化及時調整決策，也無法對決策進行評估和反省，無法從經驗中學習，提高決策的質量。至於根據決策人員的表現信息優化決策團隊更是無從談起。

● 企業安全受威脅

企業的重要信息「散落」在多處，沒有人對這些信息的安全負責，人們可以很容易地獲得企業的重要信息，使企業暴露在外部攻擊的風險之中。

決策信息管理集中化可以幫助企業解決上述問題。所謂集中化，就是企業對內部決策信息的收集、加工、存儲和使用制定統一的規範，並且將決策信息集中存儲，由專人負責管理。以下是實施決策信息管理集中化的要點：

1. 決策信息規劃

實施決策信息管理集中化，企業首先要對企業決策常用信息進行整體規劃，確定企業需要收集的信息內容、表述形式和詳細程度。

2. 信息規範

企業需要為決策信息的收集、加工、存儲和使用制定統一的規範。企業情況不同，所需信息不一樣，信息規範也不同。但是，一般來說，需要包含下列原則：

（1）專人專責。企業指定專人收集特定信息，並需要明確規定信息收集人的具體責任，包括信息的內容、表現形式、採集時間、採集頻率、方法、渠道和費用等。

（2）用前必鑒。在理想的情況下，信息收集人在採集信息時，最好能夠對信息內容的客觀性和信息產生方法的科學性進行鑒別。如果信息收集人因能

力或其他原因無法做到這些，其至少要做到瞭解並標明信息來源和信息產生方法，並且對信息描述的準確性和完整性做出判斷。對於描述不準確、內容不完整的信息，信息收集人要麼與信息提供方溝通，對信息進行完善，要麼要另闢蹊徑，從其他渠道獲得該信息。

決策人員在做任何決定之前，必須先對所用信息的質量，也就是對信息的充分性、客觀性、準確性和時效性做出判斷。

（3）從源頭採集信息。傳遞信息的環節越多，信息遺失和被扭曲的可能性也就越大，信息的時效性也會越低。信息收集人員要盡可能收集第一手信息。

（4）多渠道採集信息。有時候某些信息的採集人員、提供人員會對信息進行加工或挑選，以實現自己的利益或體現自己的觀點。例如，下屬為了實現自己的意圖，在給上級匯報問題和解決方案時，會對某些信息進行取捨，引導上級按照自己的想法做出決策。

另外，一些類似市場調研、消費者調研等需要多人參與才能匯總生成的信息，極有可能由於參與方、工作方法、統計方法等的不同產生不同的結果。由於涉及人員比較多，信息使用方很難對信息源的真實性進行辨別，為信息提供方對信息造假提供了較大的空間。因此，對於一些重要的信息，企業需要使用多個渠道來搜集相同的信息，以便相互印證。

（5）第一時間採集信息。從信息產生到企業將其錄入自己的信息管理系統，時間間隔越短，企業就可能越早地利用該信息，信息的價值也就越大。同時，由於減少了後期查找和追溯信息付出的時間和精力，企業可以節省投入的資源。

（6）盡可能親臨現場。決策者應盡可能直接接觸信息源，獲得第一手信息，尤其是收集類似員工感受、客戶體驗、賣場氛圍、團隊工作氣氛等需要綜合感官體驗的信息。決策者要親臨現場觀察、感受、與相關人員直接交流。

（7）不評判、不取捨、不加工。信息收集人的任務是收集信息，而不是對信息進行加工和取捨。因此，信息收集人必須遵循「三不」原則：不對信

息的正確和錯誤做判斷，不對信息內容進行取捨，不對信息進行加工。

（8）信息生成者必須上傳信息。有些信息是企業內部生成的，如根據一些信息計算出來的生產率、決策任務小組做的決策等，都屬於內部生成信息。這些信息的生成者有責任在第一時間將這些信息上傳到企業指定的信息存儲系統，並同時說明生成這些信息依據的信息。個人生成的信息，個人上傳；集體生成的信息，團隊負責人上傳。

（9）多角度分類。為了日後使用者調用方便，採集者需要將信息分類。同一個信息可以有多個「標籤」。例如：

職能部門：財務、銷售等。

專業領域：零售、物流、投資、技術等。

時間：歷史數據、當前表現、趨勢預測。

性質：知識工具、績效信息、資源信息、決策結論、市場調研等。

地域：華東、華南等。

內外：外部信息、內部信息。

安全級別：低、中、高。

如果企業的 IT 系統能夠允許信息使用者在使用中隨時給信息添加標籤，會大大方便使用者，而且使信息的分類更加實用。

（10）集中存儲。將信息集中儲存在企業的 IT 系統中無疑是不二的選擇。

（11）設定安全級別。企業需要給每條信息制定安全級別，並根據安全級別規定信息的使用方式（如在線閱讀、下載）和傳播範圍。同時，企業也要給信息使用者設定不同級別的信息訪問和使用權限。

第八章
建立
雙環組織

如果一個人大腦受到了創傷，能指望他自己找到解決方案嗎？如果一個企業的「大腦」，也就是它的決策和管理系統有問題，企業能夠自己找到問題所在並解決它嗎？

如果一個人得了精神病，他能意識到自己的行為造成的麻煩嗎？企業決策者的眼界、知識、性格以及時間和精力的限制使其連續做出低水準的決策，他能意識到自己的決策質量有問題嗎？他能知道正是自己的決策引發了企業內部的諸多問題，而且自己解決這些問題的決策仍然在引發更多的問題嗎？

人們所謂的「理性決策」的過程，實際上是在同時進行一場戰鬥和一場賭博。這場戰鬥是人們自身的「理性」和「非理性」的戰鬥，這場賭博是人們與自己未知的事物之間的賭博——人們賭這些「未知的事物」不會影響自己的決策，不會對自己造成傷害。人們能夠時刻警惕，提醒自己在做非理性的決策嗎？人們能夠知道自己不知道的東西嗎？

我對這些問題的答案是悲觀的。相對於個人決策，企業決策的最終目標更明確一些（獲得利潤），不涉及太多的價值上的取捨，而且企業可以制定一些規則，由集體依照流程做出決策，這樣可以使決策更「理性」一些。但是企業本身也必須面對一些「天然」的挑戰，僅靠企業自身力量很難達到決策的最優化。

調整決策框架的挑戰

正如本書第一章所述，決策框架是一種理念或多個理念的組合，它決定了決策者對需要解決的問題、必須搜集的信息、評價的標準進行的判斷。環境在變，企業自身在變，決策者必須根據實際情況調整決策框架。但是，決策框架是決策者在多年的學習和實踐中形成的，它是決策者價值觀、某些領域的具體知識以及個人感悟的綜合體。對企業來說，調整決策者的決策框架是非常困難的任務。

決策框架具有自我強化性。決策者在某個框架的指引下累積的成功經驗越多，這個框架就越牢固，對其他框架的自然的排斥性就越強——既然我按照這

套理論能夠成功地走到今天這個地步，說明這些理念是對的。即便是決策者的某些決策失敗了，很多人會將失敗的原因歸結為環境、其他人的問題甚至運氣等非自身因素，那麼這個決策框架就依然有效。按照既有的框架接收和解讀信息，排斥與其相悖的理念，決策者形成一個自圓其說的「閉環」。

決策框架是「隱形」的。在做決策的時候，人們其實並不清楚自己在遵循哪些理念做出判斷。正如一個帶了隱形眼鏡的人，他一般並不會意識到自己看到的世界是已經被眼鏡「過濾」過的了。習慣了這副「隱形眼鏡」之後，人們很少再去分辨戴眼鏡和不戴眼鏡的世界，很少人會有意識地去審視這副眼鏡是不是最優的。

理解某些決策框架需要具備一些領域的專業知識，並不是所有人都具備這些知識。另外，決策者在接收這些專業知識的同時，往往會吸收這些領域強調的理念。財務出身的人講究控制，法律出身的人強調風險防範，生產出身的人注重流程和成本控制……這大大增加了人們學習新框架和與其他領域的人溝通的難度。相信經常參加跨部門會議的人都會有雞同鴨講、對牛彈琴的感受。

雖然閱讀書籍、參加研討會以及與外部資深人士溝通等方式可以使決策者得到某種觸動，因而調整自己的決策框架，但是這些外界的刺激是不規律的，帶有很大的偶然性。這些刺激往往不會在決策者最需要的時候發生。

在內部溝通的過程中，由於部門利益、個人動機等因素與決策框架混雜在一起，決策者很難客觀地評估對方的決策框架，更不要說接受對方的決策框架了。

另外，很少有企業將企業的各層級管理者組織起來，溝通、探討各自對企業和企業管理的理解，並形成一致的企業管理理論框架，及時調整更新。

知識更新的難題

和我職責相關的領域正在發生什麼？對我的業務有哪些影響？還有哪些技術（方法）可以使我的工作更有效率？這些應該是每個決策者都必須持續關注的問題。但是，忙碌的日常工作和個人生活留給決策者學習新知識的時間與

精力並不多。而如果一個決策者在其職位已經做到得心應手了，那麼他就有可能陷入「勝任陷阱」：我現有的知識和做法使我很順手，為什麼還費力學習新的知識以改變舒服的現狀呢？另外，當企業內部人員經過一段時間的磨合，達成比較穩定的平衡和默契後，應用新的知識會打破這種平衡和默契，這也會使一些決策者覺得學習和應用新的知識是得不償失的。

最大的挑戰是，決策者可能並不確定到底哪些領域與其職責相關，更談不上瞭解這些領域對企業業務的影響了。如果不對支付寶有很深的瞭解，銀行界的人如何預計支付寶對銀行業務的影響？如果不深入研究外賣業務，方便面廠商如何知道外賣業務的發展會影響他們的產品銷量？如果不瞭解智能手機的潛力，誰會意料到電話能夠革了照相機的命？物流、網絡零售、實體店零售、金融、商業地產、娛樂業、製造業、網絡通信技術之間是如何相互作用、相互影響的？有多少人知道它們之間的關聯性？有多少人具備足夠的知識把這些領域的連結脈絡理清楚？

可以說，在資本、技術和一些領先企業的推動之下，各個行業之間的關聯性越來越強，甚至行業的界限也越來越模糊。「你可能很快就被革命了，但是革你命的卻不是你行業內的競爭對手」——這是中國各行各業都面臨的現實。這對決策者累積新的知識、解讀現實帶來了巨大的挑戰。僅靠本企業內部人員自發式、隨機性的學習已經不足以應付這個挑戰了。

無法挑戰的「一言堂」

財務、技術、市場行銷、生產、法務等專業化設置使人們在某一領域的認知深度和工作效率大大提高，但是也帶來了很高的壁壘：人們不具備足夠的知識瞭解本專業之外的職能，也沒有機會瞭解其他部門的全貌。絕大多數企業的各個部門只有一個最高負責人，也只有這個最高負責人才掌握整個部門的全部信息。因此，這些部門的領導者實際上成了其負責領域的「最高峰」，其他人，包括部門內的人都不具備足夠的知識和信息與其平等對話。毋庸置疑，CEO是群峰中的珠穆朗瑪峰，整個企業可能無人掌握與其相同的企業的全面

信息。但是，就算是 CEO 也可能不具備足夠的「彈藥」對某些部門發起真正的挑戰。

在這種情況下，每個站在各自「山頭」的決策者掌握的信息、決策能力和水準就都成了無法評估的「秘密」。他們的決策是不是有失偏頗，個人能力是不是能夠與時俱進，企業內部人員很難判斷。

難以保證的客觀性

本書第一章提到，由於工作的不穩定性，「盡可能長時間地保住現有位置」和「騎馬找馬」成為經理人的職場最佳戰略。由於他們的績效考核、升遷、去留基本上由他們的上司一人決定，因此按照上司的意思行事，而不是按照正確的標準行事成為在企業中生存的第一準則。在這個「職場最佳戰略」下的其他行為，如「弱下」「內聯」「速效」「常尋」和「外展」等都是從經理人自身的利益而不是企業的利益出發採取的行動。經理人在哪個企業都需要考慮生存的問題。當其謀求生存的努力方向與企業的利益不一致的時候，其決策的客觀性就大打折扣了。

部門利益的本質實際上是部門內部人員，尤其是部門負責人的利益。資源多一些，考核指標少一些，目標定得低一些，自然會使部門內部成員的工作輕鬆一些，生存更容易一些，獲益更多一些。當部門內部人員有機會利用自己的專業知識和信息使自己獲益更多的時候，他們會主動放棄這個機會嗎？跨部門工作組是很多企業常用的、解決跨部門問題的組織形式。但是，由於參加工作組的成員的績效考核、升遷等與工作組項目的最終結果無關，工作組成員的決策出發點依然是維護部門利益優先，他們在工作組中的決策也很難保證客觀性。

歷史因素也會成為影響決策客觀性的原因。當決策者在某個決策中提出自己的主張後，他可能會有意地避免以後的主張與前面的主張發生矛盾，否則不是自己打自己的臉嗎？證明自己是對的，而不是證明自己是錯的，不是更有助於自己的生存和發展嗎？由於企業各個部門實際上是一人掌握全貌的「一言

堂」，很多決策實際上只有決策者本人才能夠發現其問題並且採取糾正行動。那麼，人們能夠指望決策者本人站出來指出自己過去決策的問題嗎？

「三個人在一起，就會出現政治」「趨利避害，人之天性」，無論組織如何倡導「言者無罪」「客觀公正」，組織內部的個人好惡、利害考量不可避免地摻雜在決策過程中，降低決策的客觀性。

自己就是問題本身

企業的很多問題本來就是企業自己的決策造成的。企業的決策和管理系統不能合理運作，這個有問題的「大腦」不斷地製造問題，又不斷地「發現」問題，然後再在「解決」問題的過程當中製造更多的問題。愛因斯坦說：「用當初產生問題的同樣的意識水準是不能解決該問題的。」德魯克說：「在動盪的時代裡最大的危險不是變化不定，而是繼續按照昨天的邏輯採取行動。」當企業的決策和管理系統有問題的時候，企業會迅速進入一系列錯誤決策組成的負循環，越管越亂，越努力績效越差。

建立雙環型企業可以解決或緩解上述問題。雙環型企業有內環和外環兩個組織：內環組織由企業的專職員工及其他內部資源組成；外環組織由企業的外部員工組成，他們完成企業內環組織不能或不善於完成的任務（見圖8-1）。

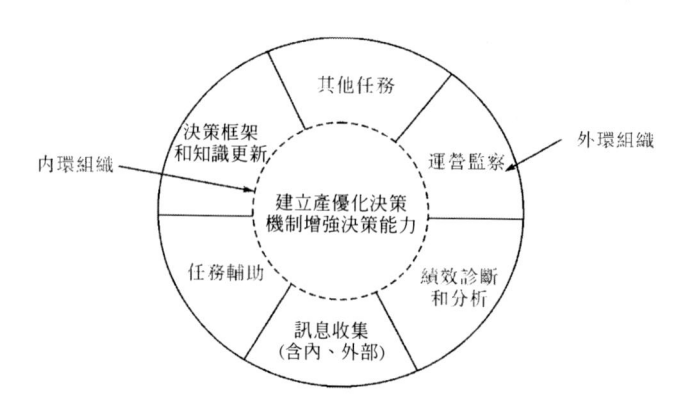

圖 8-1　雙環組織

外部員工承擔的任務主要包括：

（1）擔任企業內環組織「大腦」的外部「監護」者，定期對其營運管理進行評價和診斷分析。

（2）參與具體決策，包括：擔任企業各層級決策者的日常參謀，對具體決策事務發表看法，提供方案；直接參加任務小組，像公司其他成員一樣參與小組活動；擔任營運督察，監督公司各層級實施預定的方案。

（3）提供輔助服務。例如，以引導師的身分幫助企業規劃、設計甚至主持議事會議，對內環組織的任務小組、決策會議的工作流程和方法等進行監督與指導；為內環組織員工提供培訓和教練服務。

（4）收集信息，包括：採取與公司內環組織員工交流、觀察等方式收集內部信息，匯總後提交公司決策人員；通過訪談、焦點小組、問卷等方式收集客戶、供應商以及合作夥伴信息；直接提供其他信息，如管理理論、分析工具等。

（5）其他具體任務。直接承擔原來有公司全職員工執行的具體任務。

這裡的外部員工包括自由職業者、諮詢顧問和其他公司的員工。請公司的前員工，尤其是一些主動離職的前員工回來參與某些外援的活動也是值得考慮的舉措，因為這些人相對來說對公司的狀況比較瞭解，同時擁有已經被公司認可的、公司需要的技能。企業使用的外包公司某種程度上來說是企業的一個獨立的部門，他們以團體的形式「承包」原本由企業內環組織完成的任務。

需要指出的是，這裡使用「外部員工」一詞，為的是將企業內環與外環組織的概念表述清楚。從本質上來說，企業的所謂內部、外部員工並沒有實質上的區別。想想看，一個與企業簽了一年工作合同的高管和一個與企業簽了一個為期一年的項目合同的自由工作者有什麼本質的差別呢？高管會比自由工作者更在意企業長期的「願景（Vision）」和「使命（Mission）」嗎？高管會比自由工作者更在意企業對他工作的評價嗎？高管會比自由工作者更忠誠、對工作更投入嗎？高管可能期望通過自己的表現換來為企業長期工作的機會，自由工作者難道不這樣想嗎？企業為高管交「五險一金」，自由工作者從企業獲得

收入，自己交「五險一金」，殊途同歸，也沒什麼大的區別。

可能二者之間最大的一個區別是，高管在合同期內跳槽到其他企業去（絕大多數是企業的競爭對手），被認為是名正言順的，他不會被追責；而自由工作者在合同期內單方中止合同，他要背負違約的責任，承擔經濟和名譽的損失。當前，企業的全職員工雇傭期限縮短，他們必須要「騎馬找馬」，很多人業餘時間從事各種副業，甚至尋找機會辭職創業。很多企業沒有建立合適的管理制度以適應這種情況。在這種環境下，自由職業者的工作質量甚至會比企業全職員工的工作質量高，他們為企業服務的時間甚至會比全職員工在職的時間更長，穩定性更高。

企業的資源配備、架構、流程和管理制度的設置是以企業需要完成的任務為核心的。換句話說，幫助企業完成其任務的所有資源都應該被納入企業的邊界之內，沒有內外之分，只有管理方式之分。這些「外部員工」與企業的「內部員工」一樣，都是企業的員工，他們的職責都是幫助企業完成自己的使命。企業不應該把「外部員工」當成所謂的臨時工（實際上外部員工可以承擔的很多工作都不是臨時性的），而是要把他們納入企業的組織架構、流程和管理制度當中去。本書把這些「外部員工」劃歸到企業的「外環組織」中，主要是因為他們的薪酬、績效考核以及其他管理制度會與「內環組織」不同而已。

企業管理方面的書籍可謂汗牛充棟，但是大多數企業管理學者都把注意力集中在企業的內環組織上。絕大多數管理理論有個共同的假設，那就是企業的「大腦」有足夠的自知、自省、自控和自我提升能力，用自己的力量解決自己本身和自己造成的問題。事實證明，這個假設是不成立的。

企業解決自身問題的最常用的辦法是換人。但是，有幾個問題頗具挑戰性：

第一，什麼時候換人？一般來說是等到企業績效表現明顯不好的時候才「名正言順」地換人，但這時候不良後果已經產生了。對企業來說，可能已經喪失了大好的時機，浪費了寶貴的資源，未免有點晚了。

第二，換誰呢？企業的決策是各個部門、各個層級的決策者相互作用的結果。誰是問題的根源呢？換掉 CEO 嗎？很多企業中，在 CEO 被解雇之前，這個 CEO 可能已經辭退了很多與其意見相左，或者是執行其錯誤決策「不力」的中高層管理者。這些人往往是企業的中堅力量。那麼，那些由這個 CEO 招聘的、與其理念相同的關鍵人員是不是也要換掉呢？而且，並不是所有的企業都可以輕鬆換掉 CEO 的，因為他們的 CEO 就是企業的擁有者。

第三，誰來換人？是那些原來選擇了這些被換掉的人（以下簡稱「舊人」）的董事會或老板嗎？那麼，他們按照什麼標準選擇新人？他們的決策水準提升了嗎？有意思的是，董事會也好，老板也好，他們按理說都應該知道舊人在位期間的決策和表現，而且一般來說是對其持認可態度的，否則他們早就應該提出不同的指導意見了，不必等到結果出來之後才彰顯自己的英明。如果說董事會、老板採取完全放手的態度，對舊人在位期間的行為不管不問，一切以結果說話，那麼他們如何能夠知道新人與舊人之間應該有哪些區別呢？從某種程度上來說，選人者的水準決定了被選之人的水準。選人者如果不能夠與時俱進，不斷更新升級自己的知識和決策框架，那麼其依然會選出與舊人相當的新人。這就帶來了下一個答案似乎顯而易見的問題。

第四，新換上來的人就一定會比原來的人水準高嗎？

第五，世界變化快，如何保證新人的決策框架和知識水準能夠與時俱進？那些舊人在就職之初應該是勝任的，否則他們應該在短時間之內就被辭退了。那麼，是什麼原因導致他們後來變得不勝任了？新人來了，這些原因就消失了嗎？

換人是代價高昂而且不確定性非常高的無奈之舉，而且解決不了內環組織自然內生的問題。外環組織憑藉內環組織不具有的優勢，與內環組織相輔相成，可以緩解甚至消除內環組織的「天生缺陷」帶來的問題。

相對於內部員工，外部員工可以更客觀地處理企業的事務。外部員工沒有在企業內部生存的壓力。企業組織架構、考核機制、人員關係和歷史等因素對外部員工的判斷影響很小，外部員工反而更容易看出這些因素對企業決策的

影響。

外部員工獲得的回報，無論是金錢報酬還是心理上的回報（獲得尊重等）都取決於他們是否能夠幫助企業解決問題，這是他們獲得回報的唯一的基礎。而企業內部員工的回報，除了個人的實際表現以外，還要考慮同事間相互比較、分配是否公平合理、人際關係和企業資源的限制等因素。這些因素常常扭曲了對實際表現的考量，「稀釋」了實際表現的重要性，不僅引發員工的抵觸情緒，而且會引導他們將注意力放到實際表現之外的因素。相對來說，外部員工的個人利益更容易與企業的利益長期保持一致。

外部員工的資源是相當豐富的，而且可以靈活組合。企業在不同的時期、不同的情況下需要不同的知識和技能，企業可以根據自己的需求隨時聘用、組合不同的外部員工。

內部員工由於專注於特定的領域和企業內部事務，容易失去學習的廣度，不瞭解外界的變化。外部員工可以帶來企業內部員工欠缺的信息、知識、能力和不同的決策框架。外部員工與內部員工交流得越深入，合作得越緊密，內部員工受益就越多。

對於某些具體任務，外部員工可能比內部員工更具有優勢，他們的能力比內部員工更強，完成任務的性價比更高。

企業可以採用多種方式換取外部員工的服務，而不僅僅是支付現金。例如，資源互換，企業向其他企業提供自己的員工，換取對方員工的服務。不同企業的 CEO 互為對方的私人董事會成員等。這一方面節省了現金成本，另一方面能夠增強知識交流，此外還能更好地完成公司任務，可以說是「一石多鳥」。

對企業來說，將自己的員工派出去，擔任別的企業的外部員工是非常好的培訓員工，幫助員工獲得新的理念、知識和技能的方法。員工可以取得其他公司的經驗為己所用。外援經驗的累積也能夠使他們更加全面、宏觀地看待自己母公司的事務。「派出去」是一種激勵措施。對於外派員工來說，他們的接觸面擴展了，工作內容豐富了，工作中「費心」的政治因素減少了，可以更加

自由地施展自己的能力，而學到的知識也更多了。「派出去」是一個考察員工的工具。一個員工在本企業內部表現不盡人如意，是因為他個人的問題還是本企業的環境的問題？如果他在別的企業如魚得水，在本企業卻舉步維艱，那麼問題的根源就很清楚了。

　　企業家經營理念的變化、通信和計算機技術的發展以及由此激發的一系列技術、商務和人類生活的變化，使跨界、融合、全球化成為常態，企業進入了一個易變的，不確定性、複雜性和模糊性都很高且日益增強的時代。建立雙環組織不僅能使企業的決策能力大大增強，還能使企業變成一個「超級多腦變形金剛」，可以因時、因勢、因需而變，更好地適應這個充滿機遇和挑戰的時代。

第九章
決策管理
IT 系統

「工欲善其事，必先利其器。」

決策管理是一個複雜的「工程」，涉及大量的信息存儲、數據統計以及多方人士互動。企業可以考慮開發自己的決策管理IT系統（以下簡稱「IT系統」）。除了信息錄入、編輯和查詢功能，IT系統需要為使用者提供決策管理的相關工具，如決策流程管理、分析工具模板、議事和決事工具（如提交方案、投票）、決策團隊成員相互評價和統計功能等。企業各層級相關人員（以下簡稱「用戶」）可以使用IT系統輕鬆實現下列目的：

1. 掌控全局

用戶可以全面瞭解各方反應的企業各個層面的問題和機會以及相關人員對這些事務進行決策、處理的進展情況。例如，系統可以為用戶自動生成報表，內容包括企業當前的問題、問題提交人、對該問題的初步判斷、優先級別、決策牽頭人、決策小組成員及其分工、所用信息和資源、決策進展階段等。

2. 在系統中對決策事務進行處理

（1）決策事務提交人在系統中錄入決策事務信息之後，決策事務協調員根據決策事務之間的關聯性對其進行合併、撤銷和調整等操作。

（2）按照決策事務的性質、影響範圍、緊急程度等為各決策事務確定優先級。

（3）通過系統為決策牽頭人分配任務。

3. 按系統設定程序完成決策流程

決策人員按照系統提示，逐步完成決策流程，從組建決策團隊一直到決策執行完畢。其間相關人員根據自己的角色和指派任務按規定完成系統操作。

4. 對決策和執行過程進行追蹤和管理

系統提供決策及其執行過程的進度和資源使用情況、與計劃的差異、決策基礎（內部和外部環境信息、假設等）的變化等信息，決策人員可以及時對決策執行計劃、人員等進行相應的調整。

5. 使用系統提供的模板進行分析和判斷

系統根據企業需要，事先設定針對各種類型決策事務進分析和判斷的模

板，如 SWOT 分析、波特五力分析等工具。用戶可以直接按照模板指示填入必要信息，生成分析報告。企業可以根據自己的情況和需要生成自己的決策模板，供用戶使用。

6. 通過系統進行群體議事

系統內置預設了群體議事方法及相應的規則，決策小組可以根據需要選擇不同的議事方法，並且通過系統直接議事。例如，決策小組就某一決策事務通過系統提交自己的方案後，其他小組成員使用系統對其評分，系統自動統計各個方案得分，並按評分高低進行排序。決策小組成員分頭對評分最高的方案進行完善，之後再進行面對面溝通。

7. 決策小組成員對彼此提供評價和反饋

系統內置對決策小組成員評價和反饋模板；決策小組成員按約定對其他人員進行評價，提供反饋；系統自動統計結果。

8. 對決策進行總結和評價

用戶利用系統信息，在約定時間對選定決策的過程、結果和人員進行評估和總結。

9. 分享、查詢各種信息

除了企業決策本身的信息，系統內可以存儲與決策相關的信息，如企業外部環境信息、績效信息和管理知識等，供用戶使用。

致謝

在此書的出版過程中，我得到了很多人的幫助，尤其是西南財經大學的楊霜副教授、對外經濟貿易大學的王曉梅教授、上海音樂學院的侯穎君教授、中國宗教文化出版社的張越宏編輯、上海領諾商務諮詢有限公司的何偉總裁以及藍獅子出版集團的宣佳麗和王雪婷編輯，他們為此書的出版付出了很多努力。我在此向他們表示誠摯的謝意。

我還要感謝所有那些接受我的訪談以及與我爭辯不休，從而激發我的靈感，促使我深度思考的朋友們。由於人數眾多，我就不在此一一列舉你們的名字了。謝謝你們！

王海龍

國家圖書館出版品預行編目（CIP）資料

不管理決策,等於沒管理企業 / 王海龍 著. -- 第一版.
-- 臺北市：崧博出版：崧燁文化發行, 2019.04
　　面；　公分
POD版

ISBN 978-957-735-778-6(平裝)

1.管理決策

494.1　　　　　　　　　　　108005442

書　　名：不管理決策，等於沒管理企業
作　　者：王海龍 著
發 行 人：黃振庭
出 版 者：崧博出版事業有限公司
發 行 者：崧燁文化事業有限公司
E-mail：sonbookservice@gmail.com
粉絲頁：　　　　　網址：
地　　址：台北市中正區重慶南路一段六十一號八樓 815 室
8F.-815, No.61, Sec. 1, Chongqing S. Rd., Zhongzheng Dist., Taipei City 100, Taiwan (R.O.C.)
電　　話：(02)2370-3310　傳　真：(02) 2370-3210
總 經 銷：紅螞蟻圖書有限公司
地　　址：台北市內湖區舊宗路二段 121 巷 19 號
電　　話:02-2795-3656 傳真:02-2795-4100　網址：
印　　刷：京峯彩色印刷有限公司（京峰數位）

　　本書版權為西南財經大學出版社所有授權崧博出版事業股份有限公司獨家發行電子書及繁體書繁體字版。若有其他相關權利及授權需求請與本公司聯繫。

定　　價：350 元
發行日期：2019 年 04 月第一版

◎ 本書以 POD 印製發行